Leitfäden der angewandten Informatik

J. Retti u. a.
Artificial Intelligence
– Eine Einführung

Leitfäden der angewandten Informatik

Unter beratender Mitwirkung von

Dr. Hans-Jürgen Appelrath, Zürich
Dr. Hans-Werner Hein, St. Augustin
Dr. Rolf Pfeifer, Zürich
Dr. Johannes Retti, Wien
Prof. Dr. Michael M. Richter, Kaiserslautern

herausgegeben von

Prof. Dr. Lutz Richter, Zürich
Prof. Dr. Wolffried Stucky, Karlsruhe

Die Bände dieser Reihe sind allen Methoden und Ergebnissen der Informatik gewidmet, die für die praktische Anwendung von Bedeutung sind. Besonderer Wert wird dabei auf die Darstellung dieser Methoden und Ergebnisse in einer allgemein verständlichen, dennoch exakten und präzisen Form gelegt. Die Reihe soll einerseits dem Fachmann eines anderen Gebietes, der sich mit Problemen der Datenverarbeitung beschäftigen muß, selbst aber keine Fachinformatik-Ausbildung besitzt, das für seine Praxis relevante Informatikwissen vermitteln; andererseits soll dem Informatiker, der auf einem dieser Anwendungsgebiete tätig werden will, ein Überblick über die Anwendungen der Informatikmethoden in diesem Gebiet gegeben werden. Für Praktiker, wie Programmierer, Systemanalytiker, Organisatoren und andere, stellen die Bände Hilfsmittel zur Lösung von Problemen der täglichen Praxis bereit; darüber hinaus sind die Veröffentlichungen zur Weiterbildung gedacht.

Artificial Intelligence
– Eine Einführung

Von
Dr. J. Retti, Siemens AG, Wien
Dr. W. Bibel, Technische Universität München
Prof. Dr. B. Buchberger, Universität Linz
Dipl.-Ing. E. Buchberger, Universität Wien
Dr. W. Horn, Universität Wien
Dr. A. Kobsa, Universität Saarbrücken
Dr. I. Steinacker, VOEST Alpine AG, Linz
Prof. Dr. R. Trappl, Universität Wien
Dr. H. Trost, Universität Wien

2., überarbeitete Auflage

Springer Fachmedien Wiesbaden GmbH

Dipl.-Ing. Dr. techn. Johannes Retti

Geboren 1952 in Innsbruck. Von 1972 bis 1984 Studium der Informatik an der Technischen Universität Wien, 1984 Promotion. Assistent am Institut für Medizinische Kybernetik und Artificial Intelligence der Universität Wien von 1979 bis 1984. Seit 1981 Universitätslektor, 1985 Lehrauftrag für „Wissensrepräsentation und Wissensrepräsentationssprachen" an der Technischen Universität Wien. Seit 1984 bei der Siemens AG Österreich in der Entwicklung tätig, Projektleiter „Einsatz wissensbasierter Systeme".

Dr. Wolfgang Bibel

Geboren 1938 in Nürnberg. 1964 Diplom für Mathematik, Universität München. 1968 Dr. rer. nat. (Mathematik, Physik, Philosophie) an der Universität München. Seit 1969 wiss. Assistent am Institut für Informatik der Technischen Universität München. Gastprofessuren an der Wayne State University, Detroit, USA, der Universität des Saarlandes, der Universität Karlsruhe und der Universität Rom.

o. Univ.-Prof. Dr. Bruno Buchberger

Geboren 1942 in Innsbruck. 1966 Dr. phil. (Mathematik, Nebenfach Physik), 1973 Habilitation (Mathematik) an der Universität Innsbruck. Seit 1974 o. Univ.-Prof. für Mathematik an der Universität Linz, Einrichtung des Studienschwerpunktes „Computerunterstütztes Mathematisches Problemlösen". Forschungsaufenthalte bzw. Gastprofessuren am Kernforschungsinstitut in Dubna (Moskau), Dpt. of Computer Science der University of Delaware und der University of Wisconsin-Madison (USA), Instituto di Matematica, Università di Genova (Italien).

Dipl.-Ing. Ernst Buchberger

Geboren 1957 in Wien. Von 1975 bis 1981 Studium der Informatik an der Technischen Universität Wien. Ab 1981 wissenschaftlicher Mitarbeiter am Institut für Medizinische Kybernetik und Artificial Intelligence der Universität Wien, seit 1982 Universitätslektor.

Dipl.-Ing. Dr. techn. Werner Horn

Geboren 1953 in Villach. Von 1971 bis 1977 Studium der Informatik an der Technischen Universität und Universität Wien. 1983 Promotion zum Doktor der Technischen Wissenschaften. Seit 1978 als Universitätsassistent am Institut für Medizinische Kybernetik und Artificial Intelligence der Universität Wien tätig. Seit 1980 Universitätslektor für die Gebiete „Artificial Intelligence und ihre Anwendung in der Medizin" und „Expertensysteme". Seit 1984 Leiter der Abteilung „Expertensysteme" des Österreichischen Forschungsinstituts für Artificial Intelligence.

Dipl.-Ing. Mag. Dr. techn. Alfred Kobsa

Geboren 1956 in Linz. Von 1975 bis 1980 Studium der Informatik und Betriebs- und Verwaltungsinformatik an der Universität Linz, von 1980 bis 1981 Assistent am dortigen Institut für Informatik. Von 1980 bis 1982 Studien in Kognitiver Psychologie, Linguistik, Logik und Wissenschaftstheorie an der Universität Salzburg. Mitarbeiter am Forschungsprojekt ‚Sprachverstehende Systeme' des Instituts für Medizinische Kybernetik und Artificial Intelligence der Universität Wien (1982 bis 1985) und am Projekt ‚Benutzermodellierung' des Österreichischen Forschungsinstituts für Artificial Intelligence (1985). Lektor für Cognitive Science an der Universität Wien. Seit 1985 Leiter des Projekts ‚Natürlichsprachlicher Zugang zu Expertensystemen' (XTRA) im Sonderforschungsbereich 314 (Künstliche Intelligenz – Wissensbasierte Systeme) an der Universität Saarbrücken.

Dipl.-Ing. Dr. techn. Ingeborg Steinacker

Geboren 1953 in Innsbruck. Von 1972 bis 1974 Studium der Mathematik an der Universität Innsbruck. Von 1974 bis 1984 Studium der Informatik an der Technischen Universität Wien, 1984 Promotion. Seit 1980 wissenschaftliche Mitarbeit am Institut für Medizinische Kybernetik und Artificial Intelligence der Universität Wien, seit 1983 Lektor an der Universität Wien. Seit 1984 bei der VOEST Alpine AG in Linz tätig.

o. Univ.-Prof. Dr. Robert Trappl

Geboren am 16. Jänner 1939 in Wien. Ing. (Elektrotechnik), Dr. phil. (Hauptfach Psychologie, Nebenfach Astronomie), Diplom aus Soziologie des Instituts für Höhere Studien. 1971 Habilitation für Biokybernetik und Bioinformatik, seit 1977 ordentlicher Professor für Medizinische Kybernetik und Artificial Intelligence und Vorstand des gleichnamigen Instituts an der Universität Wien. Universitätslektor für Mathematik an der Technischen Universität Wien.

Dipl.-Ing. Dr. techn. Harald Trost

Geboren 1952 in Wien. Von 1970 bis 1983 Studium der Informatik an der TU Wien. 1983 Promotion. Seit 1978 Assistent am Institut für Medizinische Kybernetik und Artificial Intelligence der Universität Wien. Seit 1981 Universitätslektor.

CIP-Kurztitelaufnahme der Deutschen Bibliothek

Artificial intelligence: e. Einf. / von J. Retti ... – 2., überarb. Aufl. – Stuttgart: Teubner, 1986
  (Leitfäden der angewandten Informatik)
  ISBN 978-3-519-12473-3   ISBN 978-3-322-93997-5 (eBook)
  DOI 10.1007/978-3-322-93997-5

NE: Retti, Johannes [Mitverf.]

Gesamtherstellung: Zechnersche Buchdruckerei GmbH, Speyer
Umschlaggestaltung: W. Koch, Sindelfingen

Vorwort

Vorliegendes Buch entstand im wesentlichen aus einer
Vortragsreihe, deren Ziel es war, eine Einführung in die
Artificial Intelligence (Künstliche Intelligenz) zu bieten. Neben
grundlegenden Methoden werden realisierte Systeme aus verschiedenen Teilbereichen der Artificial Intelligence präsentiert
und nicht zuletzt auch ein kritischer Blick auf mögliche
Auswirkungen geworfen.

Artificial Intelligence befindet sich im Aufbruch und ist
gegenwärtig dabei, sich auch in Europa als eigenständiges
Wissenschaftsgebiet zu etablieren. Die revolutionierende Bedeutung des Computers als intelligenter Partner des Menschen
beginnt sich erst abzuzeichnen.

An dieser Stelle sei das Sprachproblem erwähnt. Da Veröffentlichungen auf dem Gebiet der Artificial Intelligence primär
in englischer Sprache erfolgen, ist das Vokabular von englischen
Begriffen durchsetzt und - neben dem Problem der Bedeutungs-
verschiebung - mitunter nur schwer einzudeutschen. So wurden die
Orginalbegriffe oft beibehalten. Daraus ergibt sich der Vorteil,
mit Hilfe dieses Buches auch englischsprachige Arbeiten leichter
verstehen zu können. Der Nachteil liegt in der Sprachvermischung,
für die wir hier den Leser um Verständnis bitten.

Allen, die zum Zustandekommen dieses Buches beigetragen haben, sei
an dieser Stelle herzlich gedankt.

Wien - Linz - München, im Mai 1984   Die Autoren

Vorwort zur 2. Auflage

Die erste Auflage unseres Buches "Artificial Intelligence - Eine Einführung" hat allenthalben gute Aufnahme gefunden und wir freuen uns, hiermit die 2.Auflage vorlegen zu können. Wir haben die Gelegenheit genutzt, der raschen Weiterentwicklung der Artificial Intelligence durch Überarbeitung einiger Punkte Rechnung zu tragen. Insbesondere wurden die Literaturhinweise um vor kurzem erschienene wichtige Arbeiten ergänzt. Nicht zuletzt auch wurde das abschließende Kapitel um einen Blick in die Zukunft der Artificial Intelligence erweitert.

Leider war es wegen der Kürze der zur Verfügung stehenden Zeit nicht möglich, eigene Kapitel über die wichtigsten Programmierparadigma der AI (Funktionale, Objektorientierte, Logikorientierte Programmierung) und ihre Realisierungen als Programmiersprachen (beispielsweise LISP, SMALLTALK und PROLOG) sowie ein weiteres wichtiges Teilgebiet der AI, Computer Vision, aufzunehmen. Dies bleibt wohl der nächsten Auflage überlassen.

Wir hoffen, mit der Neuauflage dieser Einführung einen Beitrag zur Verbreitung des Wissens über eines der aufstrebendsten jungen Gebiete der Informatik leisten zu können und stehen, wie bisher schon, für Anregungen und weitere Verbesserungsvorschläge gerne zur Verfügung.

Wien - Linz - München - Saarbrücken, im Juni 1986
Die Autoren

Inhaltsverzeichnis

Einleitung

Artificial Intelligence (AI) ist ein Wissenschaftsgebiet, das zunehmend an Bedeutung gewinnt. Intelligente Systeme haben ihren Weg aus den Forschungslabors zu erfolgreichen Anwendungen in Wirtschaft und Technik gefunden. Die Erforschung und Konstruktion dieser Systeme gehört zu den Aufgaben der Artificial Intelligence (Künstliche Intelligenz), in die das vorliegende Buch eine Einführung bietet.

In den letzten Jahren konnte die AI-Forschung wichtige Erfolge erzielen. Zu den bekanntesten zählt die Entwicklung von Expertensystemen, welche Krankheiten diagnostizieren, Computersysteme konfigurieren, nach Rohstoffen suchen, kurz gesagt, menschliches Expertenwissen und Fähigkeiten zur Problemlösung demonstrieren. Aber auch sprachverstehende Systeme (beispielsweise eingesetzt als Schnittstelle zu Datenbanken) und andere Anwendungen der AI rücken mehr und mehr in das Interesse der Öffentlichkeit. Die wachsende Bedeutung der Artificial Intelligence zeigt sich nicht zuletzt am zunehmenden Interesse, das ihr von Regierungs- und Wirtschaftsseite entgegengebracht wird.

Ziel des vorliegenden Buches ist es, einen Überblick zu vermitteln und grundlegende Konzepte darzustellen. Es richtet sich an Studenten und Praktiker der Informatik, an Naturwissenschafter, Linguisten, Psychologen, sowie jeden, der an diesem aufstrebendem Gebiet Interesse hat.

Die **Einzelkapitel** sind in sich geschlossen und mit ausführlichen Literaturangaben versehen, die interessierten Lesern zahlreiche Hinweise für eine vertiefte Beschäftigung mit dem jeweiligen Teilgebiet der Artificial Intelligence geben. Zusätzlich schafft ein ausführlicher **Index** die notwendigen Querverbindungen zwischen den Abschnitten und ermöglicht ein rasches Auffinden relevanter Informationen und Literatur.

Das erste Kapitel stellt das Verhältnis zwischen menschlicher und künstlicher **Intelligenz** und die notwendigen Voraussetzungen für intelligentes Verhalten eines Lebewesens und eines Computers dar. Die wesentlichen Forschungsgebiete der Artificial Intelligence werden an bereits 'klassischen' Beispielen erläutert.

Daran anschließend werden ausgewählte **Methoden** der Artificial Intelligence beschrieben. Einige verschiedene Suchverfahren (breadth-first, depth-first, heuristisch) stellen grundlegende AI-Strategien zur Promlemlösung vor. Automatisches Beweisen und Means-Ends-Analyse sind Möglichkeiten, einen Aktionsplan für einen Roboter zu entwerfen. Zum Abschluß beschäftigt sich das zweite Kapitel mit dem Erkennen von Objekten.

Eine wesentliche Grundlage intelligenten Verhaltens und damit aller AI-Systeme bildet die **Wissensrepräsentation**, deren Methoden beginnen, Teilgebiete der Informatik (z.B. Datenbanken) zu beeinflussen. Neben der Erläuterung deklarativer und prozeduraler Repräsentationen wird besonderes Gewicht auf **Semantische Netze** gelegt.

Expertensysteme (Wissensbasierte Systeme) sind wohl derzeit die bekanntesten AI-Systeme. Sie sind Thema des vierten Kapitels, das neben allgemeinen Grundlagen von Produktionssystemen und Entwurfsprinzipien erfolgreiche Expertensysteme aus verschiedenen Anwendungsbereichen (z.B. Medizin, Chemie, Planung) vorstellt.

Im fünften Kapitel geht es um das Verhältnis zwischen Künstlicher Intelligenz-Forschung und **Kognitiver Psychologie,** deren Verbindung, um Performanz-, Explorations- und Strukturmodelle sowie um erste Ergebnisse der Zusammenarbeit dieser beiden Forschungsgebiete.

Natürlichsprachige Systeme - Systeme, die sich mit dem 'Verstehen' geschriebener natürlicher Sprache beschäftigen - und ihre historische Entwicklung werden im sechsten Kapitel erörtert. Diese Systeme finden zunehmend praktische Bedeutung als Benutzerschnittstellen.

Wesentlich für die AI ist Symbolmanipulation. Mit symbolischem Problemlösen beschäftigen sich drei Bereiche, die Thema des siebenten und achten Kapitels sind: Computeralgebra, Automatische Inferenz und Automatisches Programmieren.

Im siebten Kapitel liegt der Schwerpunkt auf **Automatischer Inferenz:** Methoden der klassischen Deduktion, Resolution und Verfeinerung, Konnektionsmethode, natürliches Schließen, nicht-klassische Techniken, nicht-monotones Schließen, vages Schließen und Metainferenz.

Das achte Kapitel beschäftigt sich sodann mit **Automatischem Programmieren.** Im Detail wird anhand einfacher Beispiele auf logisches Programmieren, automatische Programmsynthese, automatische Programmtransformation, automatische Programmverifikation und der Realisierung dieser Prinzipien in einem integrierten Softwarearbeitsplatz eingegangen.

Das abschließende Kapitel ist vier Thesen zu gesellschaftlichen und ökonomischen **Auswirkungen der AI** gewidmet: Wissen wird wichtige Ware, Arbeitsplätze werden quantitativ weniger aber qualitativ anders, AI ermöglicht einen starken Zuwachs an Steuerungs- und Kontrollmöglichkeit, und AI führt zu einem geänderten Selbstverständnis des Menschen.

Der Begriff **'Künstliche Intelligenz'** (KI) steht im Rahmen des vorliegenden Buches immer parallel zu und für 'Artificial Intelligence' (AI). Der Ausdruck 'Künstliche Intelligenz' wird hauptsächlich in der Bundesrepublik Deutschland verwendet - als weitere Bezeichnung des Wissenschaftsgebietes ist auch 'Intellektik' üblich -, während sich in Österreich der Name 'Artificial Intelligence' durchgesetzt hat, so etwa als Bezeichnung eines Wahlfaches für Informatik sowie Betriebs- und Wirtschaftsinformatik an der (Technischen) Universität Wien.

Die vorgestellten neun Kapitel bieten eine Einführung in und einen Überblick über wesentliche Teilgebiete der AI. Alle Teilgebiete explizit in dieses einführende Buch aufzunehmen, war einerseits durch die selbständige Entwicklung dieser Teilgebiete (z.B. Bildverstehende Systeme) und andererseits durch die Beschränkung von Raum und Zeit nicht möglich. Bei diesen Teilgebieten, die zwar implizit, nicht aber explizit als eigene Kapitel im Buch vorkommen, handelt es sich um Vision (Bildanalyse und Bildverstehen) und Robotik. Bezogen auf die Programmiersprachen der AI (z.B. LISP, PROLOG), deren Behandlung den Rahmen einer einführenden Arbeit gesprengt hätte, sei auf die zahlreich vorhandene Fachliteratur verwiesen.

Wissenschaftliche Gesellschaften   für   Artificial   Intelligence
entwickelten   sich   in   den   letzten   Jal en   in   beinahe   allen
Industrieländern. Der interessierte Leser kann sich in Bezug   auf
weitere Informationen   über das Gebiet der Artificial Intelligence
an folgende Organisationen   im deutschsprachigen Raum   wenden.
Beide Organisationen   geben   ein Mitteilungsblatt beziehungsweise
Journal heraus, nämlich den   'Rundbrief des Fachausschusses 1.2'
und das 'ÖGAI-Journal':

        Fachausschuß 1.2
        Künstliche Intelligenz und Mustererkennung
        Gesellschaft für Informatik e.V.
        Postfach 1669
        D - 5300 Bonn 1

und

        Österreichische Gesellschaft für Artificial Intelligene (ÖGAI)
        Postfach 177
        A - 1014 Wien
        Austria

Alle Autoren können über die Adresse der ÖGAI erreicht werden.

1 Intelligente Maschinen?

Ingeborg Steinacker

1.1 Einleitung

Artificial Intelligence (AI) wird von Minsky (68) so definiert:

"Artificial Intelligence ist die Beschäftigung mit den Methoden, die es den Computern ermöglichen, Aufgaben zu lösen, zu deren Lösung Intelligenz notwendig ist, wenn sie vom Menschen durchgeführt werden."

Die Ergebnisse, die in den letzten Jahren auf dem Forschungsgebiet Artificial Intelligence erzielt werden konnten, deuten darauf hin, daß die Frage, ob Computer intelligentes Verhalten zeigen können, mit "ja" beantwortet werden muß.

Dieser Beitrag enthält eine Gegenüberstellung von Definitionen der menschlichen Intelligenz und Ergebnissen der AI, einen Überblick über die wichtigsten Schwerpunkte und Anwendungsmöglichkeiten dieses Forschungsgebietes, sowie eine Darstellung der Voraussetzungen, die dem Computer intelligentes Verhalten ermöglichen.

1.2 Menschliche Intelligenz – Künstliche Intelligenz

<u>Definition-1:</u> (Huber 74)
"Intelligenz ist die Fähigkeit, sich unter zweckmäßiger Verfügung über Denkmittel auf neue Forderungen einzustellen."

Diese Definition läßt sich gut auf die Maschine übertragen, sogar auf Computer, wie sie überall verwendet werden. Die Denkmittel sind dabei der Speicher, die gespeicherte Information und die verwendeten Algorithmen. Die gestellten Forderungen sind die Wünsche des Benutzers, etwa Informationen zu erhalten (z.B. Datenbankabfragen), oder Programme zu exekutieren (z.B. statistische Daten auswerten, eine Gehaltsabrechnung durchführen, eine Bestellung aufgeben).

Bei der nächsten Definition, die einige Komponenten der Intelligenz aufzählt, schneidet der Computer nicht so gut ab.

<u>Definition-2:</u> (Klaus 68)
"Intelligenz ist die aus folgenden Komponenten zusammengesetzte Fähigkeit:"

- Die erste wichtige Komponente ist "die Abbildung der Außenwelt in einem Modell."

Bei Betrachtung funktionierender AI-Systeme erkennt man, daß eine, dem Problem angemessene Abbildung der Außenwelt eine Grundvoraussetzung für die Funktionsfähigkeit eines derartigen Systems ist.

- Die zweite geforderte Komponente ist "die Verknüpfung von Information, die Bildung von Invarianten und deren Speicherung."

Die Modelle der Außenwelt, die in AI-Systemen verwendet werden, enthalten meistens eine Fülle von Informationen, sodaß die Auswahl der im Moment relevanten Informationen eines der zentralen Probleme der AI ist. Als Beispiel für die Bildung von Invarianten sind etwa Programme zu nennen, die fähig sind, aus sich wiederholenden Daten der Eingabe Muster zu erkennen und zu speichern. In den letzten Jahren sind die Forschungsbemühungen bezüglich lernender Programme intensiviert worden (European Working Session on Learning, 1986).

An einem der wichtigsten Zentren, die sich mit AI, insbesondere mit Sprachverarbeitung beschäftigen, der Universität Yale in Connecticut, wurde das sprachverarbeitende System FRUMP (Fast Reading Understanding and Memory Program, DeJong 79) entwickelt, das in der Lage ist, Zeitungsmeldungen zu bestimmten Themenkreisen (z.B. Terroristenanschläge, Autounfälle, Politikerbesuche etc.) zu verstehen und anschließend Fragen darüber zu beantworten oder Zusammenfassungen zu geben. FRUMP verfügt über Wissen, wie solche Ereignisse üblicherweise ablaufen, und interpretiert einlangende Meldungen mit Hilfe dieser vorgegebenen Schemata. Dieses Programm wurde in der

Folge dahingehend erweitert, daß es dem System möglich ist, aus immer wiederkehrenden inhaltlichen Mustern, (z.B. die Terroristen entführen jemanden und stellen dann eine Forderung), selbst Schemata herauszufinden und diese dann zur Analyse eines neuen Textes einzusetzen (DeJong 81).

- Als dritte Komponente der Intelligenz wird "die Konstruktion von Algorithmen des Verhaltens und das Testen dieser Algorithmen am Modell der Außenwelt" genannt.

Der Begriff des Verhaltens läßt sich auf die Maschine nur schwer übertragen, denn das Verhalten der Maschine ist - außer man denkt an Roboter - meistens auf Ein- und Ausgabe von Zeichenfolgen beschränkt. Am ehesten kann man Programmen, die mit dem Benutzer interagieren, ein Verhalten zubilligen. Nämlich dann, wenn sich das Programm ein internes Bild (Dialogpartnermodell) des Benutzers anlegt und seine Reaktionen diesem Modell anpaßt. Im Bereich ICAI (Intelligent Computer Aided Instruction, intelligenter computerunterstützter Unterricht) werden zunehmend solche Modelle gefordert (Sleeman, Brown 82).

Die Maschine kann jedenfalls nur am internen Modell arbeiten und dort Erwartungen aufstellen, wie es weitergehen wird.

1.3 Intelligente Fähigkeiten des Computers

In der AI wurden bis jetzt bereits zahlreiche Programmsysteme geschaffen, die intelligente Fähigkeiten in einem der folgenden Anwendungsgebiete aufweisen:

- Probleme lösen
- Einfache Konzepte lernen
- Analysieren von Bildern
- Natürliche Sprache verstehen
- Befehle ausführen
- Verwendung als "Experte"

Im folgenden Abschnitt werden einige ausgewählte Systeme kurz beschrieben.

1.3.1 <u>Probleme lösen</u>

Die folgende Problemstellung, geometrische Analogien zu ziehen, ist aus Intelligenztests hinreichend bekannt:
Analog zum Figurenpaar (A B) soll zur Figur C aus der vorgegebenen Lösungsmenge(1-5) die passende zweite Figur ausgewählt werden (Abb.1).

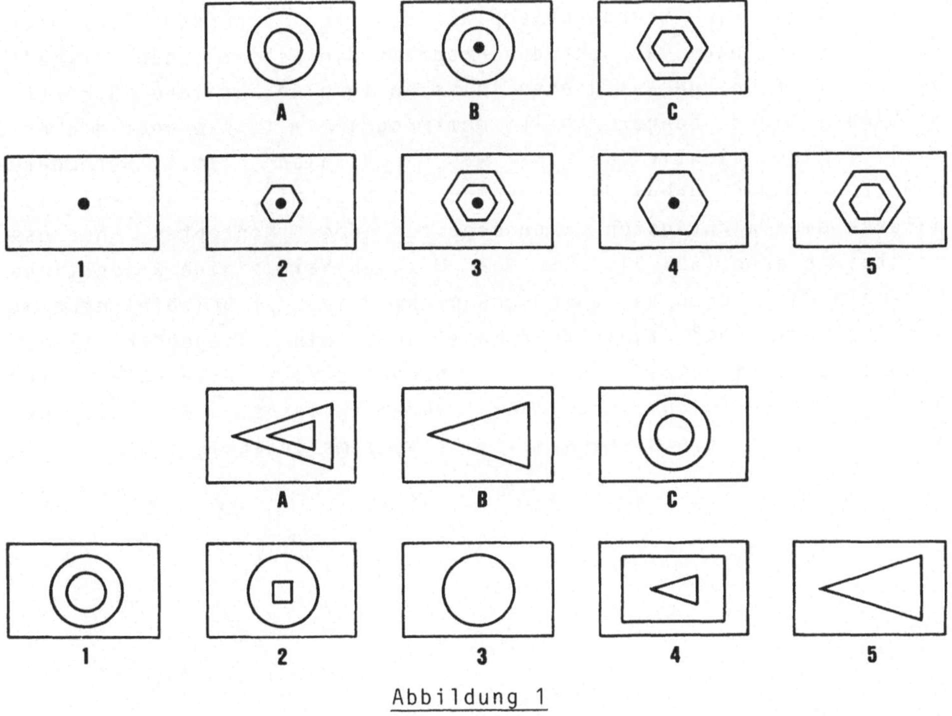

<u>Abbildung 1</u>

Diese Aufgabe konnte schon sehr früh von einem Programm gelöst werden (Evans 68). Das Programm erreichte eine Leistung vergleichbar mit der eines 10 - 12 jährigen. Weitere Anwendungen sind etwa das Programm STUDENT (Bobrow 75), das mathematische Textaufgaben löst, der "General Problem Solver" (GPS) (Newell et

al. 60), von dem immer wieder neue Anwendungen entwickelt werden,
oder das Programm MACSYMA zum algebraischen Rechnen, das z.B.
Gleichungssysteme löst, differenziert und integriert, und zwar
alles auf der symbolischen Ebene.

1.3.2 Konzepte lernen

Das nächste Beispiel, eines der frühen Lernprogramme, lernt in
einem interaktiven Dialog mit einem menschlichen Lehrer einen
neuen Begriff (ein Konzept) (Winston 75). Die Vorgangsweise ist
dabei folgende:
Zuerst wird ein Standardexemplar des zu lernenden Konzeptes
präsentiert. Dann versucht das Programm die wesentlichen Merkmale
herauszufiltern und aus diesen selbständig eine ähnliche Struktur
zu bauen. Der Lehrer teilt dem Programm mit, wie weit die er-
stellte Figur richtig ist bzw. was daran falsch ist. Besondere
Bedeutung kommt dabei den sogenannten "Near Misses" zu, weil sich
dadurch die wichtigsten Eigenschaften des Konzeptes heraus-
kristallisieren (Abb.2). Ein Near Miss enthält einige wesentliche
Merkmale des Konzepts, aber noch nicht alle. Im Beispiel erkennt
das Programm, daß zwei aufrechte und ein liegender Block
notwendige Bestandteile sind, der genaue strukturelle Aufbau wird
aus den Korrekturen durch den Lehrer gelernt. Das gelernte
Konzept wird in die Wissensbasis des Systems integriert.

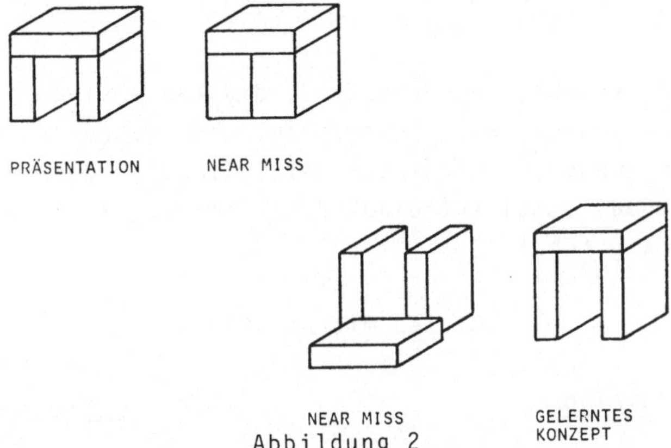

Abbildung 2

In letzter Zeit beschäftigt man sich vor allem mit dem Problem des Wissenserwerbs für AI-Systeme. Da die händische Eingabe von Wissen (Umweltwissen, Lexikalisches Wissen, Regeln...) für ein System sehr aufwendig ist, arbeiten AI-Forscher intensiv an Methoden zur Automatisierung dieses Prozesses (Davis 81, Michalski et. al. 82, Proceedings European Working Session 1986).

1.3.3 Verstehen natürlicher Sprache

Obwohl es noch kein "allgemeines" sprachverstehendes System gibt (und in nächster Zeit auch nicht geben wird), existieren Programme, die Interaktionen innerhalb eines beschränkten Aufgabengebietes erlauben (Frage-Antwortsysteme zu einem begrenzten Thema; Maschinenübersetzung; Natürlichsprachige Schnittstellen zu Datenbanken, Expertensystemen und Betriebssystemen). Mit den meisten dieser Systeme sind Interaktionen nur in geschriebener Form möglich.

Neben Expertensystemen zählen natürlichsprachige Abfragesysteme für Datenbanken zu den ersten Produkten der AI, die bereits am Markt erhältlich sind.

<u>Dialog führen</u>

Es gibt schon verschiedene Programme, die fähig sind, einen Dialog
mit einem bestimmten vorgegebenen Ziel zu führen. Das System
HAM-RPM zum Beispiel (Jameson et al. 80), das in Hamburg
entwickelt wurde, simuliert einen Hotelmanager, mit dem man ein
Buchungsgespräch führt.

<u>Dialog mit HAM-RPM</u>

<u>Dialog</u>	<u>Erläuterungen</u>
Ben. Guten Abend, hier spricht Briegel, DFG Bonn.	Namens- erkennung
HAM-RPM Was kann ich für Sie tun, Herr Briegel?	
Ben. Ich möchte ein Doppelzimmer für zwei Nächte mit Bad.	Wortstellung

HAM-RPM Gewiß, ich mal sehen...
          Ein Doppelzimmer mit Bad bis zum
          15.11. hätten Sie gern?
	Umrechnung
	Annahme: ab heute

Ben. Ja bitte.	

HAM-RPM Ja, da ist noch was frei.
          Haben Sie noch irgend einen
          besonderen Wunsch?	

Ben. Gibt es ein Radio oder einen Fernseher im Zimmer?	Kombinierte Frage

HAM-RPM Ja, es steht kein Fernsehgerät
          zur Verfügung, aber das Zimmer
          hat ein Radio.
	Kombinierte Antwort

Ben. Ein Telefon?	Syntaktisch unvoll- ständige Frage
HAM-RPM Ja.	
Ben. Ist ein Schreibtisch vielleicht vorhanden?	Zweifel über Zutreffen
HAM-RPM Ja, ein Schreibtisch ist tatsächlich vorhanden.	Bestätigung

Ben.   Wieviele einzelne Betten sind   frz.Betten?
          im Zimmer?
HAM-RPM Zwei.   Syntaktisch unvoll-
                                            ständige Antwort

Ben.   Hoffentlich ist eins von den   Vorannahme
          Betten einigermaßen hart.
HAM-RPM Ja, eins von den Betten ist   vage Antwort
          vermutlich hart.
Ben.   Wie meinen Sie das?
HAM-RPM Seine Matratze ist neu.
          Darf ich das Zimmer für Sie   Übernahme der
          buchen, Herr Briegel?   Initiative

Datenbankabfragen in natürlicher Sprache

Ein weiteres wichtiges Anwendungsgebiet sind natürlichsprachige
Abfragesysteme für Datenbanken. In den USA sind die ersten
kommerziellen Abfragesysteme bereits erhältlich (z.B. INTELLECT),
im deutschen Sprachraum wird noch an der Entwicklung gearbeitet.
Gerade in Zusammenhang mit Telekommunikationssystemen (wie
Bildschirmtext, BTX) würden natürlichsprachige Systeme jedem
ungeübten Benutzer einfachen Zugang zu Informationen ermöglichen.
Ob sich allerdings Institutionen finden werden, die einen
"informierten Bürger" unterstützen wollen, muß sich erst zeigen.

1.3.4 Befehle ausführen

Ein Beispiel für ein Programm, das Befehle ausführen kann, ist das
inzwischen schon berühmte System "SHRDLU" von Winograd , dessen
Umwelt eine Miniwelt ist, die aus verschiedenen Schachteln,
Blöcken, Pyramiden, also im wesentlichen aus geometrischen
Objekten, besteht (Winograd 73). Innerhalb dieser Welt führt das
Programm gegebene Anweisungen durch. Wird dem Programm ein
mehrdeutiger Befehl gegeben, so führt es einen Klärungsdialog.
Der Befehl: "Stelle den blauen Block in die Schachtel" ist in der

Konstellation von Abb.3 zweideutig. Der Benutzer muß den blauen
Block genauer spezifizieren: z.B. den blauen Block auf dem roten
Block.

SHRDLU

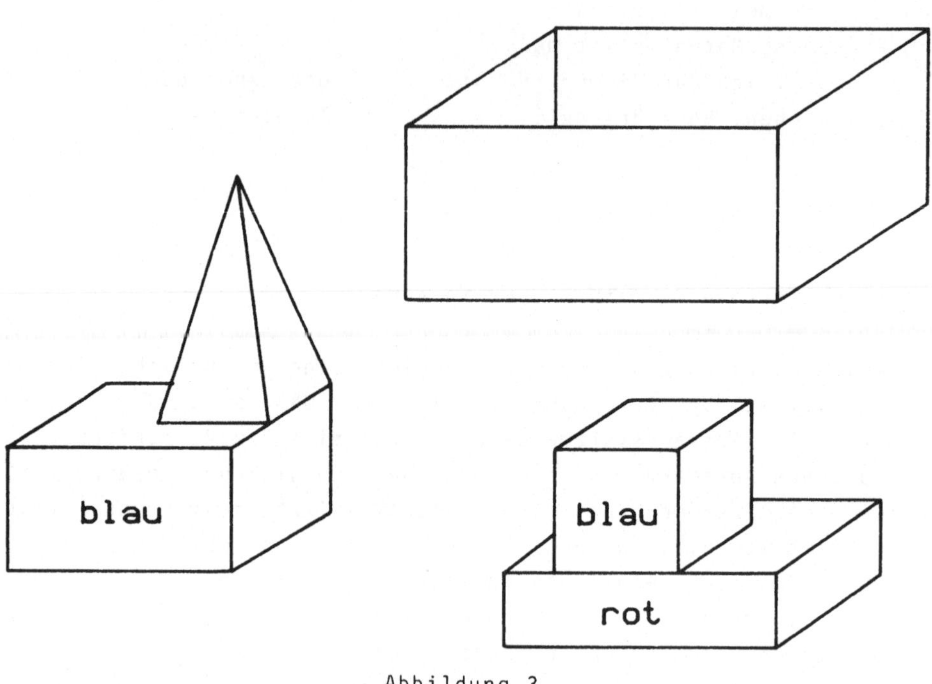

Abbildung 3

Als weiterführende Entwicklung kann man sich Roboter vorstellen,
die mündlich erteilte Befehle durchführen. In Japan werden
bereits die ersten experimentellen Systeme gebaut.

1.3.5 Der Computer als Experte

Expertensysteme zählen wohl zu den bekanntesten Entwicklungen der AI. Ein Expertensystem verfügt über eine Wissensbasis, die das spezialisierte Wissen von Experten enthält, und ist in der Lage, sein Wissen für konkrete Fälle anzuwenden. Damit wird Expertenwissen für einen größeren Benutzerkreis benutzbar gemacht.

Auf dem Sektor der Medizin gibt es bereits einige Expertensysteme: Das Programm MYCIN identifiziert Bakterien und macht Vorschläge für die Antibiotikatherapie, CADUCAEUS diagnostiziert innere Krankheiten und PUFF interpretiert Lungenfunktionstests.

Das System PROSPECTOR, ein geologisches Expertensystem zum Auffinden von Mineralien mittels Analyse von Gesteinsproben, hat bereits seine Entwicklungskosten eingebracht, indem es ein Molybdänvorkommen entdeckt hat, das geschätzte 100 Mio Dollar wert ist.

Neben diesen klassischen Systemen gibt es laufend Neuentwicklungen, jetzt auch verstärkt im industriellen Umfeld. Besonders im Bereich der Wartung, Fehlerdiagnose, aber auch zunehmend zur Unterstützung von Planungsaktivitäten werden laufend neue Systeme entwickelt (Reitmann 84).

1.4 Überblick über Forschungsgebiete der AI

Die folgende Zusammenstellung gibt einen Überblick über die wichtigsten Forschungsrichtungen der AI:

Wahrnehmen: Bild-Analyse (Vision)
              Spracherkennen (akustisch)

Denken: Problemlösen
              Schlüsse ziehen
              Lernen
              Spiele
              Automatische Beweisverfahren

```
Anwenden von Wissen: Expertensysteme
                     Planungssysteme
                     Systeme zur Entscheidungsunterstützung

Sprachverstehen: Dialoge führen
                 Texte nacherzählen
                 Maschinenübersetzung

Roboter: Integration eines Umweltmodells
         Ausstatten der Roboter mit Sensoren und
         Entscheidungsfähigkeiten

Lernen
```

Im Zusammenhang mit der AI ist auch das Forschungsgebiet Cognitive Science entstanden, das sich damit beschäftigt, menschliches Verhalten am Computer zu simulieren, um daraus Rückschlüsse zu ziehen, wie kognitive Prozesse beim Menschen ablaufen könnten. Die Kontroverse, ob AI Programme als Modell des menschlichen Denkens anzusehen sind, ist in vollem Gang (siehe Kap.5).

1.5 Voraussetzungen für intelligentes Verhalten

Bei der Entwicklung eines intelligenten Systems stellt sich das zentrale Problem, wie man das Wissen, das das System benötigt, um funktionieren zu können, in einer für den Computer geeigneten Form darstellt. Es ist erforderlich, daß viele unterschiedliche Arten von Wissen, in einer für den Computer verständlichen Form dargestellt werden.

```
Fakten:          Tomaten sind rot, werden im Sommer reif...

Zusammenhänge:   temporale Zusammenhänge
                    "im Sommer ist es heiß",
                     "gestern" - "heute" - "morgen"
                 kausale Zusammenhänge
                    "wenn man etwas Zerbrechliches  fallenläßt,
```

>   ist es kaputt"

<u>Soziales Wissen:</u> wie sich Menschen zueinander verhalten, welche Reaktion auf ein bestimmtes Verhalten erwartet wird

<u>Prozesse:</u> wie man einen Telefonautomaten bedient.

Die Auswahl des Wissens und seine geeignete Strukturierung sind für intelligente Systeme von zentraler Bedeutung. Es ist nicht vorhersehbar, mit welchen Eingaben ein System konfrontiert sein wird. Von einem Buchungssystem für Hotelzimmer kann der Benutzer erwarten, daß es nicht nur über die Zimmer Bescheid weiß, sondern auch über Wochentage und ihre Relation zum Datum. Eine Frage wie "ist der 5. ein Sonntag?" ist in diesem Zusammenhang sicher nicht ungewöhnlich. Genauso ist es denkbar, daß ein Benutzer eine Wegbeschreibung vom Bahnhof zum Hotel verlangt, oder daß er wissen will, ob sich das Hotel in der Nähe eines bestimmten Gebäudes befindet.

Das System sollte aber auch nicht mit Wissen überlastet werden, da sonst der Aufwand zum Auswählen jenes Wissens steigt, das zur Interpretation einer gegebenen Situation notwendig ist. Die Variante, auf Umweltwissen ganz zu verzichten und dem System nur den Anschein von Intelligenz zu geben, ist nur auf ersten Blick erfolgreich. Das berühmteste Beispiel dafür ist ELIZA (Weizenbaum 77), das einen Gesprächstherapeuten simulieren sollte.

Dialog zwischen einer jungen Frau (F) und dem Computerprogramm ELIZA (C):

F: Die Männer sind alle gleich.
C: IN WELCHER WEISE?
F: Sie machen mich immer wegen irgendwas verrückt.
C: KOENNEN SIE EIN BEISPIEL NENNEN?
F: Na ja, die Idee zu diesem Gespräch stammt
   von meinem Freund.
C: DIE IDEE ZU DIESEM GESPRAECH STAMMT VON IHREM FREUND.
F: Er sagt, daß ich oft deprimiert bin.

```
C: ES TUT MIR LEID, VON IHNEN ZU HOEREN, DASS SIE
   DEPRIMIERT SIND.
F: Das stimmt, ich bin unglücklich.
C: GLAUBEN SIE, DASS DIESES GESPRAECH IHNEN HILFT,
   NICHT MEHR UNGLUECKLICH ZU SEIN?
F: Ich brauche jedenfalls Hilfe, das steht fest.
C: WAS WUERDE ES FUER SIE BEDEUTEN, HILFE ZU BEKOMMEN?
F: Vielleicht könnte ich lernen, mit meiner Mutter
   besser auszukommen.
C: ERZAEHLEN SIE MIR MEHR UEBER IHRE FAMILIE.
F: Meine Mutter erledigt alles für mich.
C: WER IN IHRER FAMILIE ERLEDIGT NOCH ALLES FUER SIE?
F: Mein Vater.
C: IHR VATER.
F: Sie sind ein wenig wie mein Vater.
C: WELCHE AEHNLICHKEIT SEHEN SIE?
F: Sie sind nicht besonders aggressiv, aber ich glaube, Sie
   möchten nicht, daß ich das beachte.
C: WAS LAESST SIE VERMUTEN, DASS ICH NICHT BESONDERS
   AGGRESSIV BIN.
F: Sie streiten nicht mit mir.
```

Wenn man diesen Beispiel-Dialog betrachtet, ist man zunächst recht beeindruckt. Das Programm versteht dabei jedoch überhaupt nichts. Es verwendet nur gewisse Schlüsselworte und Muster, wie die Eingabe in eine Ausgabe verwandelt werden kann. Die Antwort verwendet ähnliche Worte, ist aber anders formuliert. Das Programm funktioniert augenscheinlich auch ohne Wissen. Es ist leicht möglich zu zeigen, daß das Programm nichts versteht, indem man bewußt einen Dialog führt, der keinen Sinn ergibt. Das Programm wird, genau wie im Beispiel-Dialog das Gesagte umformulieren und rückfragen:

```
F: Ich fühle mich in letzter Zeit bibabo.
C: ES TUT MIR LEID, VON IHNEN ZU HOEREN, DASS SIE BIBABO SIND.
```

Kein echtes AI Programm kommt ohne Wissen aus.

Nachdem geklärt ist, welches Wissen ein System benötigt, stellt sich das Problem, wie dieses Wissen in eine, dem Computer verständliche Form gebracht werden kann.

Die Repräsentation des Wissens zur Lösung eines Problems (Problemraum) muß die Komponenten Objekte, Zustände, Relationen und Operatoren umfassen.

Objekte, die Begriffe des Anwendungsbereiches beschreiben, müssen in die Wissensbasis eines Programmes aufgenommen werden. Diese Objekte können ein weites Spektrum von Zuständen bzw. Eigenschaften haben. Zwischen Objekten existieren verschiedene Relationen, beispielsweise wie ein Objekt in ein anderes umgeformt werden kann, welche Randbedingungen dabei beachtet werden müssen, welchen Einfluß Objekte aufeinander ausüben...

Die Operatoren, die dargestellt werden müssen, beschreiben die erlaubten Manipulationen mit den Objekten.

Mögliche Veränderungen im Problemraum können beispielsweise mit Regeln dargestellt werden.

Bei der Lösung eines Problems muß aus dem vorhandenen Wissen jenes ausgewählt werden, das mit dem Problem in Zusammenhang steht (eine nicht triviale Aufgabe), und die vorhandenen Operatoren müssen effizient und zielgerichtet angewendet werden.

Zusätzlich braucht man noch Bewertungskriterien, mit deren Hilfe entschieden werden kann, ob die Veränderung, die ein Operator im Problemraum bewirkt hat, sinnvoll war, oder nicht.

Die Auswahl einer geeigneten Repräsentation ist dabei von größter Bedeutung, da eine schlecht gewählte Repräsentation zu Mißerfolg führt.

Man kann die Problematik am Beispiel von sprachverstehenden Systemen sehr gut aufzeigen. Gerade hier spielt die Auswahl des Wissens eine sehr wichtige Rolle, genauso wie der Umfang, denn sprachverstehende Systeme sollten fähig sein, auf die verschiedenartigsten Eingaben zu reagieren.

Da sehr viele unterschiedliche Arten von Wissen repräsentiert
werden müssen, muß man geeignete Repräsentationsformalismen
auswählen, mit denen sich die verschiedenen Wissensarten gut
darstellen lassen.

Ein sprachverstehendes System benötigt:

<u>Umweltwissen</u>
   Das Umweltwissen umfaßt:
   <u>Objekte</u>, die ein reiches Spektrum von Eigenschaften haben,
   <u>Aktionen</u>, die auf die Objekte einwirken, sie verändern oder ganz
      verschwinden lassen,
   <u>Wissen über den Menschen</u>, was er tut, wie er lebt, wie er sich
      in verschiedenen Situationen verhält.

   <u>Syntaktisches Wissen</u>
      Zusätzlich zum Umweltwissen benötigt ein sprachverstehendes
      System Wissen über die Syntax der Sprache - wie ein Satz
      aufgebaut ist, welche Satzteile es gibt, welche Relation
      zwischen Subjekt, Prädikat, Objekt besteht, wie sich die
      Relation verändert, wenn der Satz im Passiv steht, ...

   <u>Semantisches Wissen</u>
      Weiters benötigt ein sprachverstehendes System Wissen über die
      Bedeutung von Wörtern. Dabei tritt natürlich das Problem der
      Mehrdeutigkeit von Wörtern auf, "Zug" z.B. kann als Luftzug,
      Eisenbahn, Zug im Spiel oder als Vogelzug aufgefaßt werden.
      Die meisten Worte werden nicht nur in ihrer ursprünglichen
      Bedeutung, sondern auch in übertragenen Bedeutungen gebraucht.

      Z.B. "geben": Transfer eines Objekts von einer Person zu einer
                     anderen,
                     einen Ratschlag geben,
                     eine Ohrfeige geben,
                     es gibt...,
                     eine Vorstellung geben.
                     Redewendungen: etwas wird sich geben.

Die Bedeutung eines Wortes läßt sich aus dem syntaktischen und semantischen Kontext, in dem es verwendet wird, ableiten.

Als Analyseeinheit für einen Text bietet sich zunächst der Satz an. Der Kontext geht jedoch immer über den Satz hinaus, ein Text behandelt ein zentrales Thema, und es wird auf bereits Erwähntes Bezug genommen.

Texte tendieren dazu, Zusammenhänge, die den Zuhörern ohnehin klar sind, einfach wegzulassen. Um einen Text verstehen zu können, muß ein intelligentes System diese Informationen ergänzen. Dazu muß ein sprachverstehendes System das vorhandene Umweltwissen benützen.

Die beiden Sätze "Die letzte Straßenbahn ist bereits gefahren." und "Leihe mir bitte Geld für ein Taxi" stehen in kausalem Zusammenhang, der von einem sprachverstehenden System erkannt und explizit gemacht werden muß. Der Zweck eines sprachverstehenden Systems ist ja nicht einzelne Sätze zu verstehen, sondern ihren Zusammenhang zu erfassen.

1.6 Ausblick

Die Artificial Intelligence ist eines der Gebiete, auf denen zur Zeit eine stürmische Entwicklung stattfindet. International wird die Forschung in AI von öffentlicher und privatwirtschaftlicher Seite in Milliardenhöhe gefördert. Auch die Vermarktung bisheriger Ergebnisse hat bereits voll eingesetzt. Die Zahl der Firmen, die versuchen AI-Produkte (Fertige Systeme, AI-Programmentwicklungsumgebungen, Hardware, kompilierte Informationen und Schulungen) zu verkaufen, steigt monatlich. Für 1990 wurde ein Marktvolumen von 2.500 Millionen US Dollar prognistiziert.

Es lassen sich folgende Entwicklungen erkennen:

- Vertiefen von Wissen in den einzelnen Teilgebieten, die nicht

mehr viele Gemeinsamkeiten aufweisen (z.B. Ziehen von Schlüssen
bzw. Erkennen akustischer Signale für sprachverstehende
Systeme, Wissensrepräsentation, Erkennen von Objekten in der
Bildverarbeitung).

Mit steigender Komplexität von AI-Systemen wächst auch die
Problematik: Über je mehr Wissen eine Maschine verfügt, desto
schwieriger wird es, dieses Wissen zu verarbeiten, auf das im
momentanen Zusammenhang relevante Wissen gezielt zuzugreifen und
es anzuwenden. Daher wird es immer wichtiger, Wissen in
geeigneter Form zu strukturieren und verschiedenartige
Verwendungsmechanismen zu schaffen (Assoziationen, Analogien,
Hierarchien, Schlüsse, etc.).

In den letzten Jahren wurden daher auch an zahlreichen Stellen,
die sich mit AI befassen (Universitäten und Firmen), Systeme zur
Darstellung und Verarbeitung von Wissen geschaffen (Carnegie-
Mellon Universität und Carnegie-Group - Knowledge Craft, Xerox -
LOOPS, Gesellschft fuer Mathematik und Datenverarbeitung -
Babylon, IntelliCorp - KEE, und viele andere) (Reitman 84, Bundy
84).

- Entwicklung lernender Systeme
  Da das Wissen, über das ein AI Programm verfügt, eine so
  zentrale Rolle spielt, wäre es natürlich wünschenswert, dieses
  Wissen nicht mühsam "von Hand aus" eingeben zu müssen. Die
  Zielvorstellung ist, Systeme mit einem Basiswissen und
  Lernfähigkeit auszustatten, sodaß sie sich das fehlende Wissen
  im Laufe von Interaktionen mit dem Benutzer erwerben können.
  Ein solches System ist natürlich äußerst flexibel und könnte für
  beliebige Aufgaben "ausgebildet" werden.

  Von der Realisierung eines lernenden Systems ist man allerdings
  noch weit entfernt, es wird jedoch intensiv an diesen Problemen
  gearbeitet.

- Integration verschiedener Wissenstypen
  Man ist natürlich bestrebt, Systeme, die Einzelaufgaben
  bewältigen, miteinander zu kombinieren. Man könnte eine

Maschine, die eine optische Eingabe verarbeiten kann, mit einem Textsystem koppeln. Viele Objekte lassen sich einfacher zeigen als beschreiben. Diese Möglichkeit könnte man dann zum Erwerb von Wissen ausnützen, sodaß das System aus dem Bild die wichtigen Informationen herausfiltert und aufnimmt.

Ein weiteres Beispiel sind Roboter, bei denen verschiedene Komponenten zusammenwirken müssen. Ein Roboter braucht eine Ausstattung mit Sensoren und Effektoren, vor allem benötigt er Prozesse, die eine Koordination zwischen den verschiedenen Systemen möglich machen. Zusätzlich dazu muß natürlich das nötige Umweltwissen vorhanden sein, auf dem Schlußfolgerungen ablaufen können. Die gerade herrschende Situation muß auf das interne Umweltmodell abgebildet werden. Der Roboter braucht sozusagen ein Selbstbewußtsein, er muß wissen, wo er sich befindet, was er gerade tut und welches Ziel er damit verfolgt.

- Integration von AI und traditioneller Datenverarbeitung
  Ideen und Methoden, die im Bereich der AI entwickelt wurden, finden Eingang in Bereiche wie Datenbanken, Software Entwicklung, Programmiersprachen.
  So läßt sich beispielsweise eine Annäherung zwischen Wissensrepräsentation und Datenbanken beobachten, die Ideen des objekt-orientierten Programmierens werden als Erweiterungen in Programmiersprachen wie C oder PASCAL übernommen.

Integrierte Programmentwicklungsumgebungen, wie sie zuerst für LISP geschaffen wurden, erlauben es, zwischen Editor, Compiler und Programmtesten hin- und herzuspringen, ohne die Umgebung zu verlassen. Solche Systeme finden als Workstations für Software-Engineering und im Bereich der Office-Automation zunehmend Verbreitung.

Es bleibt abzuwarten, wie und wie schnell die Entwicklung weitergehen wird. Sicher ist nur, daß die AI in den nächsten Jahren eines der dynamischsten Forschungsgebiete sein wird, dessen Ergebnisse mit Spannung erwartet werden können.

Literatur

Barr A., Feigenbaum E.A.(eds.): The Handbook of Artificial Intelligence, Vol.1, William Kaufmann, Los Altos, CA; 1981.

Barr A., Feigenbaum E.A.(eds.): The Handbook of Artificial Intelligence, Vol.2, William Kaufmann, Los Altos, CA; 1982.

Bobrow D.G.: Natural Language Input for a Computer Problem Solving System, In: Minsky M. (ed.): Semantic Information Processing, MIT-Press, Cambridge MA; 1968.

Boden M.A.: Artificial Intelligence and Natural Man, The Harvester Press, Hassocks; 1977.

Bundy A.: Catalogue of Artificial Intelligence Tools, Springer, Berlin; 1984.

Charniak E., McDermott D.: Introduction to Artificial Intelligence, Addison-Wesley, Reading Mass.; 1985.

Cohen P.R., Feigenbaum E.A.(eds.): The Handbook of Artificial Intelligence, Vol.3, William Kaufmann, Los Altos, CA; 1982.

Davis R.: Knowledge Acquisition in Rule-Based Systems - Knowledge about Representations as a Basis for System Construction and Maintenance, In Waterman D.A., Hayes-Roth F.(eds.): Pattern-Directed Inference Systems, Academic Press, New York; 1978.

DeJong G.F.: Skimming Stories in Real Time: An Experiment in Integrated Understanding, Yale Univ., Research Report 158; 1979.

DeJong G.F.: Generalizations Based on Explanations, In Proceedings of the 7th International Joint Conference on Artificial Intelligence, Univ.British Columbia, Vancouver, Canada; 1981.

Evans T.G.: A Heuristic Program to Solve Geometric Analogy Problems, In: Minsky M. (ed.): Semantic Information Processing, MIT Press, Cambridge MA; 1968.

Feigenbaum E.A., McCorduck P.: The Fifth Generation. Artificial Intelligence and Japan's Computer Challenge to the World, Addison-Wesley, Reading, MA; 1983.

Harmon P., King D.: Expert Systems - Artificial Intelligence in Business, John Wiley & Sons Inc., New York; 1985.

Huber G.: Psychiatrie: Systematischer Lehrtext für Studenten und Ärzte, Schattauer Verlag, Stuttgart; 1974.

Jackson P.C.: Introduction to Artificial Intelligence, Petrocelli, Princeton, NJ; 1975.

Jameson A., Hoeppner W., Wahlster W.: The Natural Language System HAM-RPM as a Hotel Manager: Some Representational Prerequisites, Universität Hamburg, HAM-RPM Bericht Nr. 17; 1980.

Klaus G.: Wörterbuch der Kybernetik, Dietz Verlag, Berlin; 1968.

Michalski R.S., Carbonell J.G., Mitchell T.M. (eds.): Machine Learning: An Artificial Intelligence Approach, Tioga, Palo Alto, CA; 1982.

Minsky M.(ed.):   Semantic Information Processing, MIT   Press,
     Cambridge MA;   1968.

Newell A., Shaw J., Simon H.A.: A Variety of Intelligent Learning
     in a General Problem-Solver.   in: Yovits M., Cameron S.
     (eds.): Self-Organizing Systems, Pergamon Press, New York;
     1960.

O'Shea T., Eisenstadt M.:   Artificial   Intelligence.   Tools,
     Techniques, and Applications, Harper & Row, New York; 1984.

Proceedings of the European Workshop on Learning, Orsay, 1986.

Raphael B.:   The Thinking Computer - Mind   Inside   Matter,
     W.H.Freeman and Company, San Francisco; 1976.

Reitman W.(ed.):   Artificial   Intelligence   Applications   for
     Business, Ablex Publishing, Norwood, New Jersey; 1984.

Rich E.: Artificial Intelligence, McGraw-Hill, New York;   1983.

Simons G.L.:   Introducing   Artificial   Intelligence,   NCC
     Publications, Manchester; 1984.

Sleeman D., Brown J.S.(eds.):   Intelligent Tutoring Systems,
     Academic Press, London; 1982.

Weizenbaum J.: Die Macht der Computer und die Ohnmacht der
     Vernunft, Suhrkamp Verlag, Frankfurt; 1978.

Winograd T.: Understanding Natural Language, Academic Press, New
     York; 1976.

Winston P.H.: Learning Structural Descriptions from Examples, in
     Winston P.H.(ed.): The Psychology of Computer Vision,
     McGraw-Hill, New York; 1975.

Winston P.H.: Artificial Intelligence, 2nd Ed.   Addison-Wesley,
     Reading, MA; 1977.

2 Methoden der Artificial Intelligence

Werner Horn

Worin unterscheiden sich Methoden der Artificial Intelligence von den, in der Informatik üblichen Methoden?
Vorausgeschickt sei, daß die Antwort auf diese Frage dem Leser überlassen sein soll.   Hier werden anhand von drei Beispielen einige wenige Methoden der Artificial Intelligence vorgestellt.

2.1 Suchstrategien am Beispiel des Schiebepuzzle

Das erste Beispiel demonstriert die Verwendung von Suchstrategien bei der Lösung eines Schiebepuzzle (vgl.Nilsson, 1980).

Das Schiebepuzzle besteht   aus   einem   3 x 3-Feld   mit   acht numerierten Plättchen und einer leeren Stelle.   Die Aufgabe besteht darin, durch Verschieben von Plättchen von einer gegeben zufälligen Anfangskonfiguration zu einer geordneten Endkonfiguration zu   kommen. Bild 1.1 zeigt Anfangs und gewünschten Endzustand. Die Lösung dieser Aufgabe mit Hilfe des Computers ist in Form eines Flußdiagramms in Bild 1.2 dargestellt.

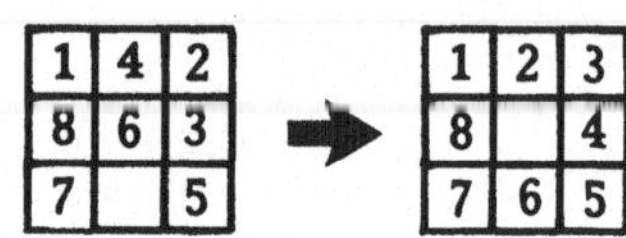

Bild 1.1

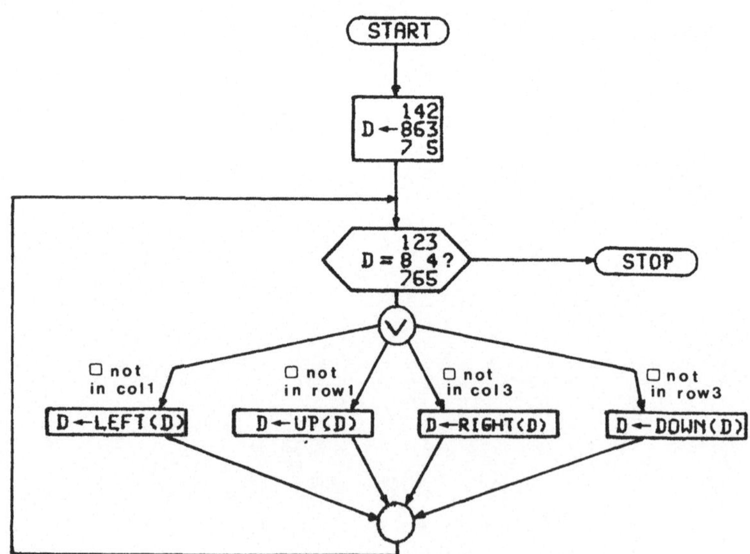

Bild 1.2: Programm zur Lösung des 8-puzzle.

Die möglichen Züge sind dabei nicht durch Verschieben der
Nummmernplättchen, sondern durch Verschieben der leeren Stelle
('blank' □) definiert.   Es handelt sich um ein nicht-
deterministisches Programm, das heißt es ist nicht von vorneherein
festgelegt, welchen der Züge (LEFT, UP, RIGHT, DOWN) man bei jedem
Durchlaufen der Programmschleife anwenden soll.

Um nun ein automatisches Erreichen der Endkonfiguration zu
gewährleisten, ist es notwendig, ein Steuerungssystem zu
definieren, das systematisch die möglichen Züge durchsucht. Dabei
müssen Endlosschleifen vermieden werden.

2.1.1 <u>Breadth-First-Suche</u>

Eine einfache (aber "unintelligente") Möglichkeit der
Implementierung des Steuerungssystems ist die Vorgabe, daß der
Reihe nach alle vier Operatoren (LEFT, UP, RIGHT, DOWN) angewendet
werden, soferne dies möglich ist. Dabei entstehen maximal vier
neue Konfigurationen.   Für jede dieser Konfigurationen werden nun
wieder der Reihe nach die vier Operatoren angewendet. Als günstig
erweist es sich dabei, die Konfigurationen in einem Baum
anzuordnen. Es entsteht dadurch ein **Suchbaum**, der in Bild 1.3
dargestellt ist (da LEFT und RIGHT, bzw. UP und DOWN inverse
Operationen sind, wendet man sie nicht unmittelbar hintereinander
an, da dadurch auf jeden Fall eine schon bestehende Konfiguration
erzeugt würde). Die hier vorgestellte Suche nennt man
'Breadth-First-Suche', da zuerst alle Knoten einer Ebene
expandiert werden, bevor die Knoten der nächsttieferen Ebene
berücksichtigt werden. Die Suche erfolgt zuerst in die Breite.
Unter **'Expansion'** versteht man die Erzeugung der Nachfolger, d.h.
jener Konfigurationen, die aus der aktuellen Konfiguration durch
Anwendung der Operatoren entstehen. Z.B. ergibt die Expansion
des Knotens 3 die Knoten 6,7 und 8.

Technisch löst man die Aufgabe durch Definition einer sogenannten
OPEN-Liste, auf der die noch nicht expandierten Knoten vermerkt
sind. Am Beginn besteht die Liste nur aus dem Anfangsknoten 1.
Der Reihe nach wird jeweils der vorderste Knoten der OPEN-Liste
expandiert und aus der Liste entfernt. Die Nachfolger-Knoten

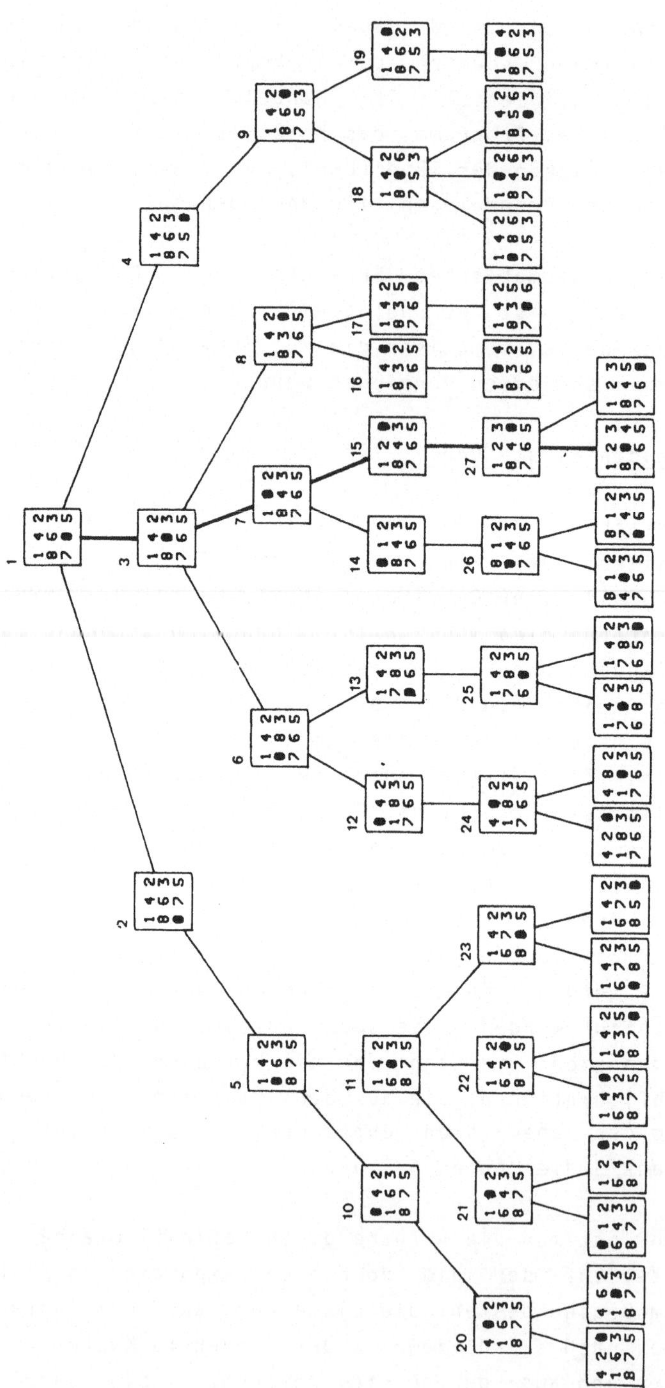

Bild 1.3: Suchbaum bei Breadth-First-Suche.

werden **hinten** an die OPEN-Liste angefügt. Dieses Verfahren wird solange durchgeführt, bis einer der Nachfolger-Knoten der Zielknoten ist, bzw. bis die OPEN-Liste leer ist (falls es keine Lösung gibt).

Der Suchbaum in unserem Beispiel enhält 49 Knoten, wovon 27 expandiert werden mußten, bevor die Endkonfiguration erreicht wird.

2.1.2 Depth-First-Suche

Die alternative Suchstrategie ist jene, zuerst in die Tiefe zu gehen. Sie wird 'Depth-First' genannt, und ist ebenfalls eine "uninformierte" Suche. Da man nicht beliebig in die Tiefe gehen kann, ist es hier notwendig, eine maximale Suchtiefe (**'Depth-bound'**) zu definieren, bei der die Suche im aktuellen Zweig abgebrochen wird.

Der Suchbaum entsteht dadurch, daß versucht wird, zuerst die am weitesten links stehende Operation in der Liste (LEFT, UP, RIGHT, DOWN) auszuführen. Erst wenn dies zu keinem Erfolg führt, wird zur letzten Verzweigung zurückgegangen, und die nächstmögliche Operation ausgeführt.

Führt man eine Depth-First-Suche mit unserem Beispiel durch, wobei man die maximale Suchtiefe mit 5 definiert, so enthält der Suchbaum 38 Knoten, wovon 20 expandiert wurden. Die in Bild 1.3 abgebildeten Knoten werden in folgender Reihenfolge expandiert: 1 2 5 10 20 11 21 22 23 3 6 12 24 13 25 7 14 26 15 27.

Insgesamt sind dies weniger als bei 'Breadth-First-Suche', man muß jedoch beachten, daß dieser Wert nur erreicht wurde, indem die Suchtiefe genau der Länge des (dunkel markierten) Lösungsweges entspricht. Hätte man die maximale Suchtiefe mit 6 Schritten definiert, so wären mehr Knoten erzeugt worden, andererseits bei einer maximalen Suchtiefe von vier würde die Lösung überhaupt nicht erreicht werden.

Technisch löst man die Aufgabe wieder durch Definition einer

OPEN-Liste. Im Unterschied zu 'Breadth-First' werden die Nachfolger-Knoten jedoch nicht hinten sondern **vorne** an die OPEN-Liste angefügt. Zusätzlich ist die maximale Suchtiefe zu berücksichtigen.

2.1.3 Heuristische Suche

'Breadth-First-Suche' und 'Depth-First-Suche' sind (auf Grund ihrer Uninformiertheit) sicher inadäquat zur Lösung von Problemen, die nicht solche elementare Spielaufgaben darstellen. Die kombinatorische Explosion der zu erzeugenden Knoten macht eine Auswertung auch mit der heutigen Computertechnologie unmöglich. Zusätzlich ist man bestrebt, möglichst schnell ans Ziel zu gelangen und einen optimalen Weg zu finden.

Bei vielen Problemstellungen ist es möglich, aufgabenspezifische Information in den Suchprozeß aufzunehmen und dadurch den Suchaufwand zu reduzieren. Solche aufgabenspezifische Information nennt man **heuristische Information**; die Suchprozesse, die solche Information verwenden, heuristische Suche.

Betrachten wir wieder unser Beispiel mit dem 8-Puzzle, so ist eine Möglichkeit der heuristischen Information das Abzählen der Plättchen, die an einer falschen Stelle liegen (ohne das Blank zu zählen). Definieren wir eine Funktion $h(n)$ derart, daß sie für jede Konfiguration n angibt, wieviele Plättchen falsch liegen, so gibt $h(n)$ sicher an, wieviel Schritte wir **mindest** noch bis zur Enkonfiguration machen müssen (da wir sicher alle diese Plättchen verschieben müssen). Definieren wir mit $g(n)$ die Anzahl der Schritte, die wir bisher gemacht haben, so ergibt sich eine **Schätzung** der notwendigen Schritte von der Anfangskonfiguration zur Endkonfiguration als

$$f(n) = g(n) + h(n).$$

$f(n)$ heißt **Bewertungsfunktion**. Sie gibt für jeden Knoten an, wie gut wir den Weg vom Anfangsknoten über den Knoten n zum Zielknoten bewerten.

Bild 1.4 zeigt den Suchbaum für die heuristische Suche mit der oben definierten Bewertungsfunktion. Die f-Werte sind dabei jeweils neben den Konfigurationen (im Kreis) angegeben. Der Suchbaum entsteht dadurch, daß jeweils der Knoten mit der geringsten (= besten) Bewertung expandiert wird. Der Suchbaum enthält 14 Knoten, wovon 6 expandiert wurden.

Technisch implementiert man die Steuerung fuer die heuristische Suche wieder mit der OPEN-Liste. Die Knoten werden hier jedoch (aufsteigend) nach ihrer Bewertung sortiert.

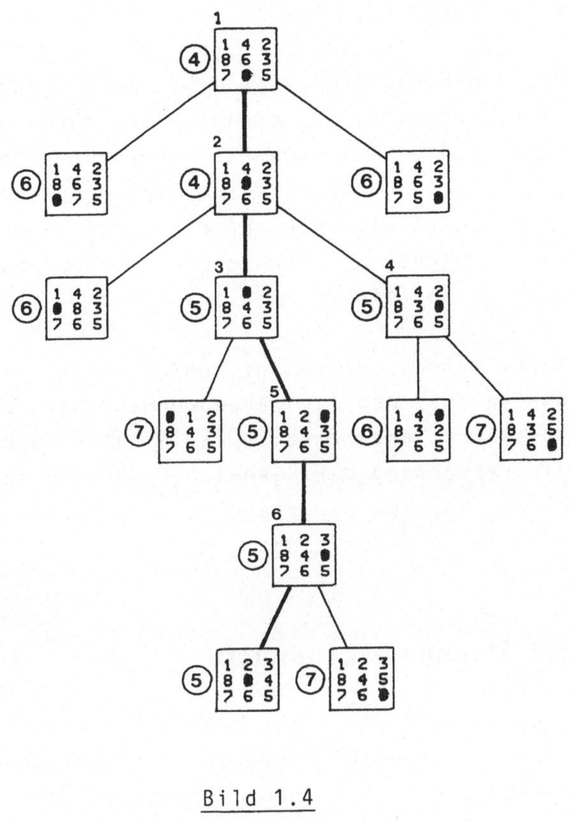

Bild 1.4

Allgemein sei zur heuristischen Suche hier noch erwähnt, daß es ein Kriterium gibt, das sicherstellt, daß der Algorithmus bei Verwendung der Bewertungsfunktion f(n) den **optimalen** Weg zum Zielknoten findet:
Sei h*(n) die Kosten des optimalen Weges vom Knoten n zum Zielknoten, und es gelte, daß

$$0 \leq h(n) \leq h^*(n)$$

so findet der Algorithmus den optimalen Weg. Der Algorithmus wird dann A*-Algortimus genannt (vgl.Nilsson, 1980).

Die Bewertungsfunktion in unserem Beispiel erfüllt diese Bedingung
und definiert somit einen A*-Algorithmus. Der gefundene
Lösungsweg ist daher optimal.

Breadth-First ist auch ein (wenn auch maximal schlechter)
A*-Algorithmus, er ergibt sich durch Definition von $h(n) \equiv 0$. Je
stärker die h-Komponente gegenüber der g-Komponente in $f(n)$
bewertet wird (etwa durch $f(n)=g(n)+k*h(n)$, $k>1$, konstant), desto
mehr nähert sich die heuristische Suche der Depth-First-Suche.
Das Auffinden eines (optimalen) Lösungsweges ist dann aber nicht
mehr gewährleistet.

Abschließend sei gesagt, daß im Allgemeinen die heuristische Suche
die Anzahl der zu erzeugenden und zu expandierenden Knoten
reduziert, andererseits soll nicht unberücksichtigt bleiben, daß
die Berechnung der Bewertungsfunktion durchaus sehr aufwendig sein
kann. Bei der Bewertung einer Suchstrategie sind daher beide
Aspekte zu berücksichtigen.

2.2 Planung bei Robotern

Eine weitere Methode der Artificial Intelligence soll in diesem
Kapitel vorgestellt werden. Es geht dabei um die Frage, welche
Methoden ein Programm verwendet, das einen Roboter steuert, der
eine bestimmte Aufgabe ausführen soll.

Fikes und Nilsson (1971) entwickelten das Problemlösungs-Programm
STRIPS (STanford Research Institute Problem Solver), das eine
einfache Aufgabe zu lösen versucht, z.B. die Beförderung von
Blöcken aus einem Zimmer in ein anderes. Die Welt, in der der
Roboter agiert, besteht dabei aus mehreren Zimmern mit Türen sowie
Blöcken, die bewegt und aufeinandergestellt werden können. Zur
Lösung muß ein Plan erstellt werden, der aus einer Folge von
Einzeloperationen besteht, die der Roboter unmittelbar ausführen
kann.

Ein kleines Beispiel soll das Vorgehen von STRIPS
veranschaulichen. Nehmen wir an, daß in einem Raum vier Blöcke A,

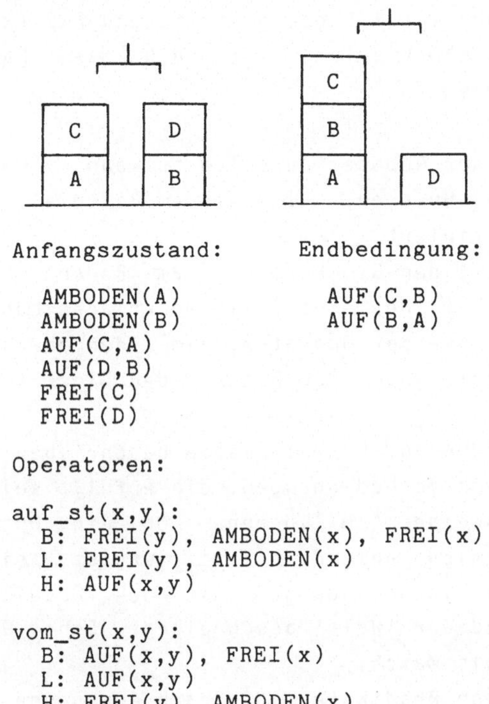

```
Anfangszustand:          Endbedingung:

   AMBODEN(A)               AUF(C,B)
   AMBODEN(B)               AUF(B,A)
   AUF(C,A)
   AUF(D,B)
   FREI(C)
   FREI(D)

Operatoren:

auf_st(x,y):
   B: FREI(y), AMBODEN(x), FREI(x)
   L: FREI(y), AMBODEN(x)
   H: AUF(x,y)

vom_st(x,y):
   B: AUF(x,y), FREI(x)
   L: AUF(x,y)
   H: FREI(y), AMBODEN(x)
```

<u>Bild 2.1</u>: Beispiel einer einfachen Roboteraufgabe.

B, C und D stehen, wobei der Block C auf dem Block A steht und der
Block D auf dem Block B steht.   Bild 2.1 veranschaulicht die
Situation.   Die Aufgabe, die einem Roboter gestellt wird, ist nun,
einen Turm bestehend aus den Blöcken A B und C, zu bauen.

Wie löst STRIPS die Aufgabe?
Die Welt besteht für STRIPS aus wohlgeformten Formeln des
Prädikatenkalküls erster Ordnung.   Diese Formeln repräsentieren
einerseits statische Gegebenheiten, z.B.   welche Türen welche
Räume verbinden, als auch sich verändernde Gegebenheiten, z.B.
die Tatsache welche Blöcke auf welchen stehen.   Diese Gegeben-
heiten werden durch die Aktionen des Roboters verändert.   Die
Prädikate, die den Anfangszustand und die Endbedingung in unserem
Beispiel beschreiben sind ebenfalls in Bild 2.1 dargestellt.

AMBODEN(x) bedeutet dabei, daß Block x am Boden steht, AUF(x,y)
gibt an, daß Block x auf Block y steht, und FREI(x) gibt an, daß
die Deckfläche von Block x frei ist, d.h. es kann ein Block
daraufgestellt werden.

Die Aktionen, die der Roboter durchführen kann, werden mit Hilfe
von **Operatoren** beschrieben. In unserem Beispiel (Bild 2.1) sind
zwei Operatoren definiert:
- auf_st(x,y) stellt den Block x, der am Boden steht, auf den
                Block y (der eine freie Deckflache haben muß);
- vom_st(x,y) als inverser Operator, nimmt den obersten Block vom
                Stapel, wobei der Block y den Block x trägt.

Die Operatoren werden durch drei Listen beschrieben:
- eine Liste (B) von Vorbedingungen, die erfüllt sein müssen, um
  den Operator anwenden zu können. Ob ein Operator in einer
  bestimmten Situation anwendbar ist, ergibt sich aus dem
  Vergleich seiner Vorbedingungen mit den Prädikaten, die den
  aktuellen Zustand der 'Welt' beschreiben. Eine Übereinstimmung
  bezeichnet man als **Match**;
- eine Liste (L) von Prädikaten, die nach Anwendung des Operators
  gelöscht werden; und
- eine Liste (H) von Prädikaten, die hinzugefügt werden.

Wie arbeitet STRIPS?
STRIPS versucht seine Aufgabe mit Hilfe von zwei Methoden zu
lösen, die in den folgenden zwei Kapiteln 2.2.1 und 2.2.2
beschrieben sind.

2.2.1 <u>Automatisches Beweisen von Formeln im Prädikatenkalkül</u>

Der aktuelle Zustand der 'Welt', in der STRIPS arbeitet, sowie das
zu erreichende Ziel, wird durch ein Paar (M_i, G_i) beschrieben. M_0
ist dabei durch die in Bild 2.1 angegebenen Prädikate des Anfangs-
zustandes, G_0 durch die Prädikate der Endbedingung definiert. Im
ersten Schritt versucht STRIPS mit Hilfe eines Automatischen
Beweisers die Formeln von (G_0) aus (M_0) abzuleiten. Gelingt der
Beweis, so bedeutet dies, daß das Ziel bereits erreicht ist. Die
Prädikate von (G_0) sind erfüllt, sie haben nur in der Beschreibung

von (M_0) 'gefehlt'. Normalerweise funktioniert der Beweis jedoch nicht. Es wird dann im zweiten Schritt versucht, geänderte Bedingungen aufzubauen, die der Roboter erreichen kann und die die vorherigen Ziele lösen.

2.2.2 <u>Means-Ends-Analyse</u>

Dazu wird die 'Differenz' zwischen dem aktuellen Zustand und den Endbedingungen (Ziel) berechnet, und versucht diese Differenz zu reduzieren. STRIPS verwendet dazu eine modifizierte Form der im General Problem Solver (GPS) implementierten Means-Ends-Analyse (Newell, Shaw und Simon, 1959).

Die **Differenz** besteht aus all jenen Formeln des Ziels, die nicht aufgelöst werden können, wenn das Beweisverfahren abbricht. Zur Reduzierung der Differenz wird versucht, Operatoren anzuwenden. Ein relevanter Operator ist einer, der Formeln aus dieser Differenzmenge entfernt und damit erlaubt, mit dem Beweisverfahren fortzufahren. Das Programm wendet (versuchsweise) den relevanten Operator an, und erzeugt dadurch Subziele, die aus den Vorbedingungen des Operators bestehen (G_{i+1}). Danach wird zurück zu Schritt 1 gegangen, und versucht die neue Menge von Endbedingungen zu beweisen.

Da es mehrere relevante Operatoren geben kann, entsteht dadurch ein Baum von Subzielen. Hier setzen wieder verschiedene heuristische Verfahren ein, um in diesem Suchbaum schnell zu einer Lösung zu kommen.

Der Suchbaum für unser Beispiel ist in Bild 2.2 dargestellt. Der Knoten G_0 enthält die Formeln der Endbedingung für STRIPS (AUF(C,B);AUF(B,A)). Die Means-Ends-Analyse ergibt, daß die Differenz zwischen Anfangszustand und Endbedingung aus beiden Formeln besteht. Durch Anwendung des Operators 'auf_st(C,B)' wird einerseits versucht AUF(C,B) zu ersetzen (Knoten G_1), andererseits soll 'auf_st(B,A)' die Bedingung AUF(B,A) reduzieren (Knoten G_2).

Wie bestimmt man einen anwendbaren Operator?
Die Bedingungen für die Anwendbarkeit eines Operators ergeben sich

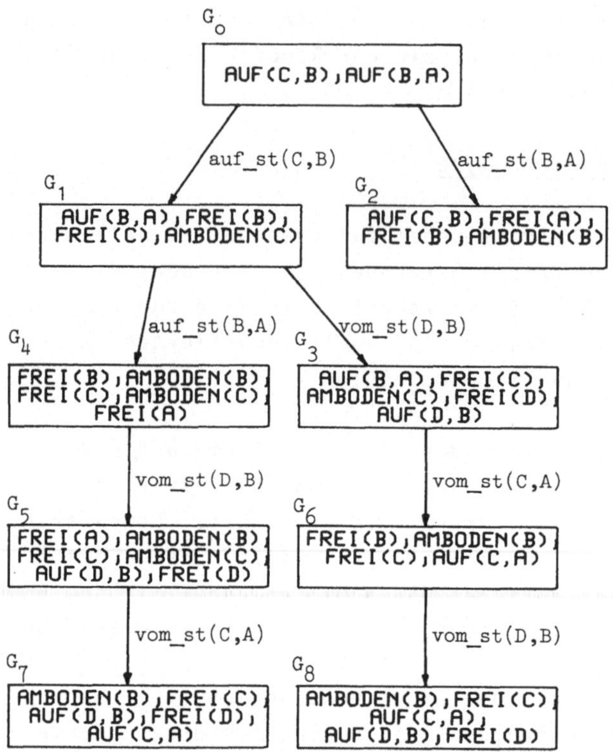

<u>Bild 2.2</u>: Suchbaum der Means-Ends-Analyse.

daraus, daß die Elemente der H-Liste vorhanden sein müssen, und
die Elemente der L-Liste nicht vorhanden sein dürfen. So ist z.B.
'auf_st(C,B)' bei G_0 anwendbar, da G_0 AUF(C,B) enthält, nicht aber
FREI(B) und AMBODEN(C).

Das neue Ziel G_1 entsteht aus G_0 dadurch, daß die Formeln der
H-Liste (AUF(C,B)) gelöscht werden, und die Formeln der B-Liste
(FREI(B),AMBODEN(C),AMBODEN(B)) hinzugefügt werden.

Die Lösungmethode der Means-Ends-Analyse ist das typische Beispiel
einer **Rückwärtssuche** (backward search), bei der ausgehend vom Ziel
versucht wird, zu den Anfangsbedingungen zu gelangen.

2.2.3 Erzeugung eines Aktionsplanes

Reiht man die Operatoren des bei der Means-Ends-Analyse gefundenen
Lösungsweges in umgekehrter Reihenfolge aneinander, so erhält man
die Abfolge der Aktionen, die der Roboter durchführen muß, um zum
Ziel zu gelangen.

Als günstige Darstellungsform dieses Aktionsplanes hat sich dabei
eine **Dreieckstabelle** erwiesen, die die Vorbedingungen und die
Operationen, die der Roboter ausführt, enthält.

	0	1	2	3	4
0	AMBODEN(A) AMBODEN(B) *FREI(C) FREI(D) *AUF(C,A) AUF(D,B)	vom_st(C,A)			
1	AMBODEN(A) AMBODEN(B) FREI(C) *FREI(D) *AUF(D,B)	AMBODEN(C) FREI(A)	vom_st(D,B)		
2	AMBODEN(A) *AMBODEN(B) FREI(C) FREI(D)	AMBODEN(C) *FREI(A)	AMBODEN(D) *FREI(B)	auf_st(B,A)	
3	AMBODEN(A) *FREI(C) FREI(D)	*AMBODEN(C)	AMBODEN(D) *FREI(B)	AUF(B,A)	auf_st(C,B)
4	AMBODEN(A) FREI(C) FREI(D)		AMBODEN(D)	AUF(B,A)	AUF(C,B)

Bild 2.3: Dreieckstabelle des Aktionsplanes.

Bild 2.3 zeigt die Tabelle für unser Beispiel. Jede Zeile beschreibt die Zustände des Modells der 'Welt', über das STRIPS im Augenblick verfügt. Das Element (0,0) beschreibt den Anfangszustand M_0. Die Ausführung des Operators 1 'vom_st(C,A)' bewirkt, daß die Formel AUF(C,A) gelöscht wird und somit nicht mehr im Element (1,0) auftritt, sowie, daß die Formeln AMBODEN(C) und FREI(A) hinzugefügt und im Element (1,1) gespeichert werden.

Allgemein gilt, daß alle Formeln der Zeile i in die Zeile i+1 kopiert werden, die nicht in der L-Liste des Operators i+1 stehen. Im Element (i+1,i+1) stehen die Elemente der H-Liste des Operators. Die mit '*' markierten Bedingungen der Zeile i sind dabei jeweils die Vorbedingungen für die Ausführung des Operators i+1.

Ist ein Aktionsplan festgelegt, so ist es auch notwendig, die Aktionen des Roboters zu überwachen, d.h. festzustellen, ob sie korrekt ausgeführt wurden. Dies wird erreicht, indem man überprüft, ob die Vorbedingungen für die Ausführung der restlichen Operatorenfolge noch erfüllt sind. Nehmen wir in unserem Beispiel an, daß als nächster Operator 'auf_st(B,A)' (=3) auszuführen ist. Dann bilden die markierten Elemente des stark umrandeten Gebietes die notwendigen Bedingungen für eine erfolgreiche Beendigung der Aufgabe. Sie müssen mit der aktuellen Situation in der realen Welt verglichen werden. Das markierte Gebiet wird als **Kernel** bezeichnet. Es ist jenes Rechteck, dessen rechter oberer Eckpunkt das Element (i,i) ist, wenn zuletzt der Operator i ausgeführt wurde. Betrachtet man die Folge der Operatoren 1 bis n als gesamtes, so geben die mit '*' markierten Elemente in der 0-ten Spalte alle jene Bedingungen an, die erfüllt werden müssen, um die gesamte Operatorenfolge auszuführen (Kernel 0). Das Kernel ermöglicht bei einer sich durch äußere Einflüsse ändernden Umwelt zu prüfen, ob es noch sinnvoll ist, weitere Aktionen auszuführen.

Im Unterschied zur Means-Ends-Analyse, die vom Ziel ausgehend versucht, die Anfangsbedingungen zu erreichen, erfolgt die Erstellung des Aktionsplanes in Vorwärts-Richtung. Ausgehend von der Anfangssituation wird versucht, die Endbedingung zu erreichen (**Forward-Produktionssystem**).

Das System STRIPS geht davon aus, daß alle Subziele gleichwertig sind. Sehr oft ist es jedoch so, daß manche Subziele Details beschreiben, die man solange zurückstellen sollte, bis die Hauptprobleme gelöst sind. Diese Vorgehensweise wird als **'Hierarchisches Planen'** bezeichnet. ABSTRIPS und NOAH sind zwei Systeme, die ein derartiges hierarchisches Vorgehen unterstützen (Sacerdoti, 1974, 1977).

2.3 Erkennen von Objekten

Das dritte Beispiel soll veranschaulichen, wie Artificial Intelligence Methoden angewendet werden, um einfache Objekte zu erkennen. Die Aufgabe, um die es sich dabei handelt, besteht darin, ein von einer Fernsehkamera aufgenommenes Bild einer Szene, in der verschiedene Objekte vorkommen, zu analysieren (scene analysis; vgl. Winston, 1975). Es soll die Art der Objekte erkannt werden.

In unserem einfachen Beispiel beschäftigen wir uns damit, wie ein Programm von drei möglichen Objekten - Quader, Keil mit drei sichtbaren Flächen, und Keil mit zwei sichtbaren Flächen - jeweils das richtige auswählt, wenn es ein beliebiges Objekt erkennen soll. Das zu erkennende Objekt kann dabei gedreht sein und die Flächen können beliebig groß sein. Die drei möglichen Objekte sind in Bild 3.1 dargestellt.

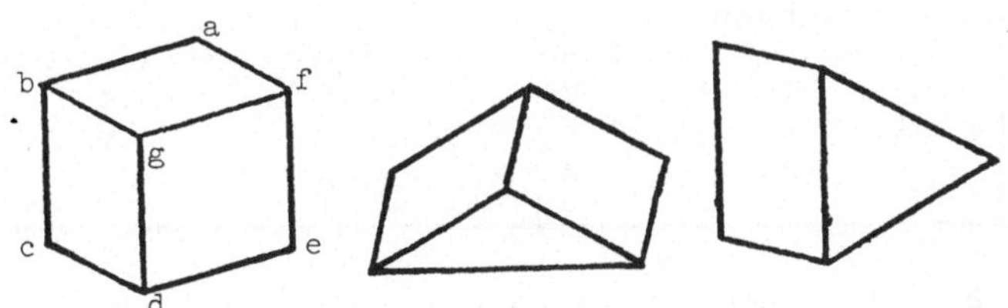

<u>Bild 3.1</u>: Mögliche Objekte.

Notwendige Vorarbeiten, um dieses Objekterkennungsprogramm aufrufen zu können, sind:
- das Gruppieren von Punkten gleicher Helligkeit zu Flächen oder

Linien,
- das Trennen von Flächen durch Linien,
- das Separieren von Objekten vom Hintergrund, und
- das Separieren von überlappenden Objekten.
Diese Aufgaben sollen hier nicht beschrieben werden. Die Annahme
ist, das ein spezifischen Objekt isoliert wurde.

Wie arbeitet das Analyseprogramm?
Untersucht man die drei möglichen Objekte, und analysiert man ihre
Eckpunkte, so zeigt sich, daß es nur drei verschiedene Formen von
Eckpunkten gibt:

Beschreibt man die Objekte durch die Formen ihrer Eckpunkte, sowie
durch die Information, welche Eckpunkte miteinander verbunden
sind, ergibt sich die in Bild 3.2 gezeigte Darstellung. Die Art
einer solchen Repräsentation, die die Eigenschaften eines Objektes
in einem 'Rahmen' zusammenfaßt, bezeichnet man als **'Frame'** (vgl.
Minsky, 1975).

```
QUADER:
   Eckpunkte:
      L    : a,c,e
      PFEIL: b,d,f
      GABEL: g
   Verbindungen:
      a -> b      c -> b      e -> d      g -> f
           f           d           f           d
      b -> a      d -> c      f -> e           b
           g           g           g
           c           e           a
```

<u>Bild 3.2</u>: Frame zur Beschreibung eines Quaders.

Wie erkennt das Programm den in Bild 3.3 dargestellten Keil mit
drei sichtbaren Flächen?
Das Programm bildet **Hypothesen** über die Form des Objekts. Die
Anfangshypothese ist, daß das Objekt ein Quader ist. Daraufhin

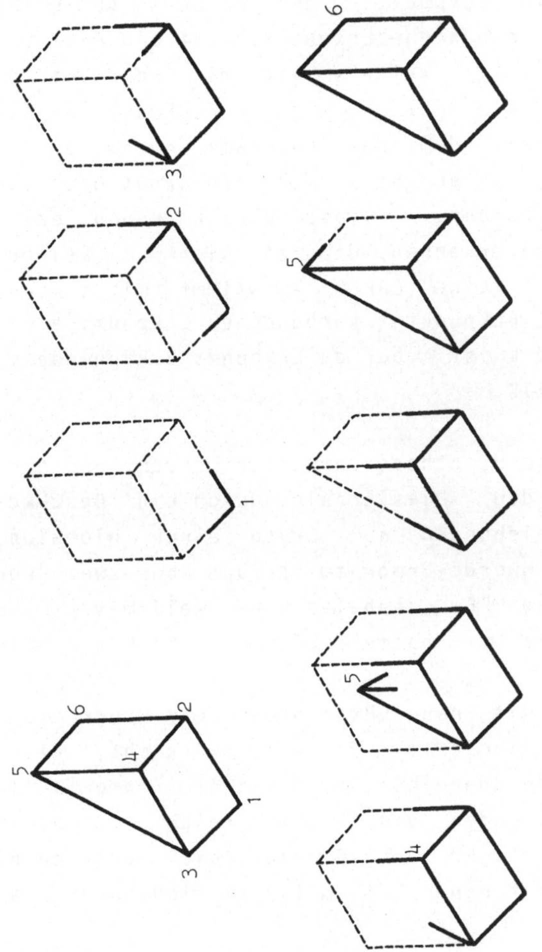

Bild 3.3: Erkennen eines 'Keils mit 3 sichtbaren Flächen'.

wird versucht, die Eckpunkte mit dem Eckpunktmuster der Hypothese
in Übereinstimmung zu bringen.

Beginnend bei Eckpunkt a - ein L - (siehe Bild 3.1 und 3.2) findet
das Programm Eckpunkt 1 des Objekts (Bild 3.3).   Der mit
Eckpunkt a verbundene Eckpunkt b ist ein PFEIL, was mit Eckpunkt 2
übereinstimmt.   Weiters ist mit Eckpunkt a der Eckpunkt f
verbunden - ein PFEIL -, was mit Eckpunkt 3 übereinstimmt. Man
beachte dabei, daß das Programm nur weiß, daß es sich um einen
PFEIL handelt, es hat keine Informationen über Winkel und
Winkelbeziehungen.   Diese würden schon bei diesem Schritt
erlauben, zu erkennen, daß es sich um keinen Quader handelt.
Eckpunkt g - eine GABEL - stimmt mit Eckpunkt 4 überein. Vom
dritten mit Eckpunkt f verbundenen Eckpunkt e wird erwartet, daß
er vom Typ L ist. Der an Eckpunkt 3 hängende Eckpunkt 5 ist aber
vom Typ PFEIL.

Hier muß die Hypothese verworfen werden, und eine neue Hypothese
gewählt werden. Dies erfolgt durch ein **'Beschwerde'**-Programm, das
lokale Abweichungen auf Grund einer **globalen** Sicht behandelt.
Dieses Beschwerde-Programm verfügt über zwei Regeln:
    1. erwarte PFEIL, erhalte L ⟶ Keil mit 2 Flächen,
    2. erwarte L, erhalte PFEIL ⟶ Keil mit 3 Flächen.

Daher ist die neue Hypothese des Programms 'Keil mit drei
sichtbaren Flächen'. Es wird versucht, alle bisher gefundenen
Eckpunkte in Übereinstimmung mit dem Frame 'Keil mit 3 Flächen' zu
bringen. Nachdem dies erfolgreich durchgeführt ist, wird
Eckpunkt d mit Eckpunkt 6 erfolgreich verglichen, und das Programm
erkennt somit einen Keil mit drei sichtbaren Flächen.

Beim angegebenen Beispiel ließe sich auch mit einfacheren Methoden
(z.B. Abzählen der Eckpunkte) eine Analyse durchführen. Man muß
jedoch beachten, daß man üblicherweise eine weit größere Anzahl
von Objekttypen zur Auswahl hat, und daß Objekte sehr oft
teilweise verdeckt sind, so daß es zusätzlich notwendig ist,
Winkel und Winkelbeziehungen in die Analyse miteinzubeziehen.

Literatur

- Banerji R.B.:   Artificial Intelligence: a Theoretical Approach, Elsevier, New York;   1980.

- Berliner H.:   The B* Tree Search Algorithm: A Best-First   Proof Procedure, Artificial Intelligence, 12(1)23;   1979.

- Fikes R.E., Nilsson   N.J.:   STRIPS: A   New   Approach   to   the Application of   Theorem   Proving   to Problem Solving, Artificial Intelligence, 2,189-208;   1971.

- Kowalski R.:   Logic   for   Problem   Solving,   North-Holland,   New York;   1979.

- Lenat D.B.:   The Nature of Heuristics, Artificial   Intelligence, 19(2)189-249;   1982.

- Minsky M.:   A Framework for Representing Knowledge,   in   Winston P.H.(ed.), The   Psychology   of Computer Vision, McGraw-Hill, New York;   1975.

- Newell A., Shaw J.C., und Simon H.:   Report on a General Problem Solving Program, Proc.Int.Conf. Information Processing (UNESCO), Paris;   1959.

- Newell A., Simon H.A.:   Human Problem   Solving,   Prentice   Hall, Englewood Cliffs, N.J.;   1972.

- Nilsson N.J.:   Principles   of   Artificial   Intelligence,   Tioga, Palo Alto, CA;   1980.

- Pearl J.:   Heuristics: Intelligent   Search   Strategies   for Computer Problem Solving, Addison-Wesley, Reading, Mass.;   1983.

- Pearl J.(ed.):   Special   Issue   on   Search   and   Heuristics, Artificial Intelligence, 21(1-2);   1983.

- Sacerdoti E.D.: Planning in a Hierarchy of Abstraction Spaces.
  Artificial Intelligence, 5,115-135; 1974.

- Sacerdoti E.D.: A Structure for Plans and Behavior, Elsevier,
  New York; 1977.

- Winston P.H.(ed.): The Psychology of Computer Vision,
  McGraw-Hill, New York; 1975.

3 Wissensrepräsentation in der AI am Beispiel Semantischer Netze

Harald Trost

3.1 Weshalb ist Wissen für intelligente Programme notwendig?

Aus den Erfahrungen der ersten Generation von Programmen, die
"intelligente" Leistungen erbringen sollten, ergab sich, daß die
Bereitstellung geeigneten Umweltwissens (common sense knowledge)
eine wesentliche Voraussetzung für den Erfolg von AI-Systemen ist.
Ein Grund dafür ist, daß AI-Programme für Domänen entwickelt
werden, in denen keine algorithmischen Problemlösungen bekannt
sind, sondern in denen heuristische Methoden eingesetzt werden
müssen. Effiziente Heuristiken beruhen aber meist darauf, daß dem
System entsprechendes Wissen für seine Entscheidungen bereitsteht.
Faktisch in allen Teilgebieten der AI sieht man sich daher mit dem
Problem der Wissensrepräsentation (Knowledge Representation - KR)
konfrontiert.

Die ersten AI-Programme mit Wissensbasen arbeiteten in einer stark
eingeschränkten Domäne (miniworld approach /31/). Der Aufbau der
Wissensbasis war meist ad-hoc und auf die spezielle Domäne
zugeschnitten. Die Verfahren waren daher kaum erweiterbar und
auch nicht auf andere Domänen anzuwenden.

In den letzten Jahren sind Fragen der Wissensrepräsentation zu
einem zentralen Forschungsgebiet der Artificial Intelligence
geworden. Vielfach wird die Repräsentation von Wissen im System
sogar als ein definierendes Merkmal von AI-Systemen verstanden.
Es bestehen allerdings noch immer stark unterschiedliche
Auffassungen über Aufgaben, Möglichkeiten und Methoden der
Wissensrepräsentation. Von einzelnen Forschern wird sogar die
prinzipielle Möglichkeit betritten, Wissen (im Sinne des derzeit
gültigen Paradigmas) zu repräsentieren /1/. Folgerichtig herrscht
auch wenig Übereinstimmung zwischen den auf diesem Gebiet tätigen
Forschern, was unter Wissensrepräsentation zu verstehen sei. Eine
Definition des Begriffs ist unter diesen Umständen natürlich
problematisch, soll aber dennoch zumindest ansatzweise versucht
werden.

Zunächst muß man zwischen 'Wissen' und der 'Repräsentation von
Wissen' unterscheiden. Das intelligente Verhalten eines Systems
wird dadurch erklärt, daß man ihm Wissen attribuiert. Dadurch

wird sein Verhalten für den Beobachter mehr oder weniger rekonstruierbar. Wir assoziieren also die Fähigkeit zur Durchführung intelligenter Leistungen mit dem Vorhandensein entsprechenden Wissens.

Von Repräsentation von Wissen spricht man, wenn bestimmtes Wissen Subeinheiten des Systems assoziiert ist. Damit ist der Begriff des Wissens nicht mehr nur eine Arbeitshypothese des Beobachters, sondern etwas, das im entsprechenden System tatsächlich vorhanden und auch lokalisierbar sein muß. Als zusätzliche Bedingung wird oft auch eine strukturelle Ähnlichkeit zwischen Repräsentation und Repräsentiertem gefordert.

3.2 Methoden der Wissensrepräsentation

Bei den von der AI-Forschung entwickelten Methoden unterscheidet man üblicherweise zwischen deklarativer, prozeduraler und Frame-Repräsentation, wobei letzterer Ansatz /30/ als eine Synthese der beiden ersten gesehen wird.

Zu Beginn der Forschung auf dem Gebiet der Wissensrepräsentation war die deklarative Repräsentation (auf der Basis der Logik) die Standardmethode. Als Antwort auf die Probleme dieser rein deklarativen Repräsentation entstand die prozedurale.

Heute verwendetete Methoden vereinen meist deklarative mit prozeduralen Aspekten. Das Wissen um Fakten wird deklarativ dargestellt, Wissen um die Verwendung dieses Wissens prozedural.

3.2.1 Deklarative Repräsentation

Der deklarativen Wissensrepräsentation liegt die Annahme zugrunde, daß man das Problem der Darstellung von Wissen weitgehend unabhängig von den Methoden zur Anwendung dieses Wissens betrachten kann. Wissen wird als eine Menge von Fakten angesehen und diese Fakten werden wiederum als Datenstruktur repräsentiert. Die Fakten beschreiben Elemente der Welt (Objekte, Ereignisse), Relationen zwischen den Elementen, sowie Zustände dieser Elemente.

Auf dieser statischen Wissensbasis operiert ein aktiver Verarbeitungsteil, der selbst kein Wissen enthält und daher auch unabhängig vom speziellen Inhalt der Wissensbasis ist.

Der Vorteil dieses Modells liegt darin, daß die gleichen Methoden des Schließens und Problemlösens auf die unterschiedlichsten Domänen angewendet werden können. Was sich jeweils ändert ist nur die Wissensbasis im engeren Sinn, die Fakten.

Aus diesem Vorteil ergibt sich allerdings auch der schwerwiegendste Nachteil. Da der Verarbeitungsmechanismus kein Domänenwissen besitzt, kann er beim Schließen nicht zielgerichtet vorgehen. Daher kommt es zu einer kombinatorischen Explosion der Schlüsse. Als Antwort auf dieses Problem entwickelte sich in der Folge die prozedurale Repräsentation.

Das ausgeprägteste Beispiel für deklarative Repräsentation sind Wissensbasen, die auf der Grundlage der **Prädikatenlogik** erster Ordnung erstellt werden. Aussagen über den zu repräsentierenden Bereich der Welt werden in logische Formeln übersetzt. Diese Formeln werden als Axiome in das System aufgenommen. Mögliche Schlußfolgerungen sind alle Formeln, die mit Hilfe der logischen Schlußregeln aus den Axiomen ableitbar sind. Das Einfügen neuer Formeln beeinflußt die Menge der bisher ableitbaren Schlüsse nicht (Monotonie).

Zur Verarbeitung des durch die Axiomenmenge dargestellten Wissens dienen Inferenzregeln, mit deren Hilfe Beweisverfahren definiert werden können. Dieser Verarbeitungsteil (die sogenannte 'Inference Engine') ist vollkommen unabhängig vom Inhalt der Wissensbasis. Dies hat den Vorteil, daß das gesamte Wissen des Systems explizit dargestellt ist, was eine gute Überschaubarkeit gewährleistet.

Wissensrepräsentation auf der Basis der reinen Prädikatenlogik ist heute eher selten, die meisten Systeme enthalten Erweiterungen. Um den Ausdrucksreichtum zu vergrößern, gibt es folgende Erweiterungen und Modifizierungen der Prädikatenlogik:

- Prädikatenlogik 2.Ordnung: Quantoren, Funktionen und Relationen können sich nicht mehr nur auf Individuen, sondern auch auf Funktionen und Relationen beziehen.
- mehrsortige Prädikatenlogik: die Anwendbarkeit von Prädikaten und Funktionen wird auf Teilmengen des Gesamtbereichs eingeschränkt. Dadurch können die Argumente semantischen Restriktionen unterworfen werden.
- Modallogik: erlaubt die Darstellung von Modalitäten wie 'können', 'nötig', etc. /11/.
- mehrwertige Logik: neben 'wahr' und 'falsch' können Sätze noch eine Reihe dazwischenliegender diskreter Werte annehmen. In der 'fuzzy logic' /28/ werden diese diskreten Wahrheitswerte durch einen stetigen Bereich ersetzt. Dadurch kann vages Wissen leichter dargestellt werden.

Andere Erweiterungen zielen darauf ab, die Menge der nötigen Schlüsse beim Folgern zu verringern. Dies geschieht durch die Verwendung von 'Metawissen' (Wissen über die Verwendung von Wissen), was in weiterer Folge zur prozeduralen Wissensrepräsentation führt. Eine KR-Sprache auf der Basis des Prädikatenkalküls, die breite Anwendung gefunden hat, ist PROLOG /16/.

Eine andere Form der deklarativen Wissensrepräsentation, die große Verbreitung gefunden hat, sind die **Semantischen Netze**. Unter diese Bezeichnung fällt eine Reihe ziemlich unterschiedlicher Repräsentationsschemata, deren Ähnlichkeit vor allem in einer gemeinsamen Notation liegt. Semantische Netze sind Graphen mit gerichteten, markierten Kanten. Die Knoten stellen konzeptuelle Einheiten dar, die Kanten Relationen zwischen diesen Einheiten. Bedeutungsmäßig zusammengehöriges Wissen soll im Semantischen Netz auch verarbeitungsmäßig benachbart gespeichert sein (daher werden Semantische Netze oft auch als Assoziative Netze bezeichnet). Diese Gruppierung der bedeutungsmäßig zusammengehörigen Konzepte bringt eine Einschränkung der nötigen Schlüsse mit sich. Nachteile gegenüber logischen Systemen bestehen darin, daß Quantifikation nur schwer darzustellen ist. Eine detaillierte Beschreibung des strukturellen und inhaltlichen Aufbaus Semantischer Netze wird in den restlichen Kapiteln dieses Beitrags gegeben.

3.2.2 Prozedurale Repräsentation

Bei der deklarativen Wissensrepräsentation wird Wissen über Elemente der Welt repräsentiert. Dagegen geht es bei der prozeduralen Wissensrepräsentation um Wissen über die Anwendung von Wissen, um den Zugriff auf Fakten, das Ziehen von Schlüssen, etc. Dies beruht auf der Annahme, daß spezifisches Wissen notwendig ist, um Wissen aus einem bestimmten Bereich sinnvoll anwenden zu können.

Dies steht in starkem Widerspruch zur deklarativen Auffassung. Dort wird eine strikte Trennung zwischen dem epistemologischen, die eigentliche Repräsentation des Wissens betreffenden Aspekt /14/, und dem heuristischen, die Verarbeitung dieses Wissens betreffenden Aspekt gemacht.

Beim prozeduralen Schema besteht die Wissensbasis aus einer Menge von Prozeduren (in einer Programmiersprache). Wissen manifestiert sich hier prozedural, das System "weiß" etwas, wenn es über eine Prozedur verfügt, die die entsprechenden Aktionen durchführt. (Etwas überspitzt formuliert weiß ein Programm also, wie man quadriert, wenn es über eine Prozedur verfügt, die Terme quadriert. Um bei einem System von einer prozeduralen Wissensbasis sprechen zu können, muß es allerdings auch die anderen eingangs genannten Kriterien, wie z.B. die Lokalisierbarkeit des Wissens, erfüllen.)

Die konsequenteste Realisierung des prozeduralen Schemas sind die ACTOR-Sprachen /15/. Alle Elemente der Wissensbasis werden als Akteure aufgefaßt, das sind aktive Agenten, die ihre Rolle nach einem Script spielen. Akteure können miteinander kommunizieren, indem sie Meldungen schicken und empfangen (message passing). Diese Meldungen sind ihrerseits Akteure. Die Steuerstruktur ist also nicht vorgegeben, sondern wird vom Benutzer festgelegt, indem er angibt, an welche Akteure ein Akteur welche Meldungen schicken kann. ACTOR-Sprachen finden hauptsächlich bei Expertensystemen Verwendung.

Alle Realisierungen enthalten neben dem prozeduralen auch deklaratives Wissen. Der deklarative Teil ist allerdings gegenüber dem prozeduralen meist ziemlich klein. Die darin enthaltenen Aussagen (Daten) können auch jederzeit geändert oder gelöscht werden.

Weitere prozedurale Sprachen sind CONNIVER /18/, POPLER /6/ und QLISP /23/. Der Vorteil prozeduraler Wissensrepräsentation liegt in der Einschränkung der Inferenzketten. Diese Effizienzsteigerung ist aber natürlich andererseits damit verbunden, daß eine Reihe von möglichen Schlüssen nicht mehr gezogen werden können.

3.2.3 Frame-Repräsentation

Frames wurden als System zur Wissensrepräsentation von M.Minsky /19/ entwickelt. Sie gehen auf den Schema-Begriff der Psychologie zurück. Obwohl sie von M.Minsky ursprünglich im Zusammenhang mit automatischer Bildverarbeitung verwendet wurden, haben sie sich inzwischen in fast allen Bereichen der Artificial Intelligence, besonders auch bei Sprachverstehenden Systemen durchgesetzt. Dies, obwohl - oder auch gerade weil - die Bezeichnung Frame weniger ein genau umrissenes Repräsentationsschema darstellt, als vielmehr nur ein Gerüst für die Entwicklung solcher Schemata.

In der Bildverarbeitung dienen Frames zur schnellen Orientierung in oft wiederkehrenden (stereotypen) Situationen. Ein Frame enthält die wesentlichen Elemente einer Szene sowie ihre Beziehungen zueinander. Der Frame 'Zimmer' etwa enthielte unter anderem:
- Boden
- Decke
- Wände (dem Betrachter gegenüberliegende sowie Seitenwände)
- Türen und Fenster
- Einrichtungsgegenstände (abhängig von der Art des Zimmers)
Beim Betreten eines Zimmers werden nun die tatsächlich wahr-genommenen Objekte den Elementen ('Slots') des Zimmer-Frame zugeordnet werden. Dies ermöglicht einerseits ein schnelles Erkennen der Situation, andererseits ein rasches Erkennen von

Abweichungen (nicht oder nicht in dieser Form im Frame vorgesehene Elemente).

Die Idee des Frame konnte ziemlich einfach auf das Sprachverstehen angewendet werden. Die Stereotype waren hier die Begriffe, die man in Form von 'Prototypes' darstellen konnte. Dies ist (zumindest von der Intention her) ein unterschiedlicher Ansatz gegenüber den Semantischen Netzen, wo Begriffe (Konzepte) meist als Definition oder zumindest als Deskription verstanden werden. Das Zuordnen eines Individviuums zu einem Begriff erfordert im einen Fall die Überprüfung gewisser (definierender) Eigenschaften, im anderen Fall eine 'best match'-Strategie.

Von seinem Aufbau her vereint der Frame deklarative und prozedurale Aspekte. Ein Frame wird durch seinen Namen identifiziert. Er enthält **Slots** zur Beschreibung der beteiligten Rollen. Die Slots werden durch (innerhalb des Frame) eindeutige Namen identifiziert. Zu jedem Slot werden Bedingungen für das Füllen des Slots angegeben. Dazu zählen Restriktionen, die ein Füller nicht verletzen darf, Defaults für das Füllen des Slots beim Fehlen expliziter Information, aber auch Präferenzen für bestimmte Füller. Daneben kann jeder Frame Informationen über Relationen zwischen den Slots, Regeln für die Anwendung des Frame und Ähnliches enthalten. Dieses prozedurale Wissen wird vom Frame-Keeper verwaltet, der bei Aktivierung des Frames die Steuerung übernimmt.

Die Einbeziehung prozeduraler Elemente ermöglicht es, die zum Ziehen von Schlüssen notwendigen Inferenzen stark einzuschränken. Dies geschieht durch **procedural attachment**. Dabei können an gewissen definierten Stellen der Datenstruktur Prozeduren anstelle von Fakten stehen. Unter bestimmten Bedingungen (Zugriff auf die Struktur, Neuerstellen, Löschen), die in der Datenstruktur definiert werden, werden diese Prozeduren dann aktiviert und durchgeführt.

Frames bilden die Grundlage einer Reihe von KR-Sprachen Die bekanntesten davon sind FRL /8/ und KRL /3/. Eine KR-Sprache die eine Synthese von Semantischem Netz und Frame darstellt, ist KLONE

/5/.

3.3 Semantische Netze

Ein Semantisches Netz ist von seiner Struktur her ein markierter, gerichteter Graph. Die Knoten des Netzes repräsentieren semantische Einheiten, die Kanten binäre Relationen zwischen diesen Einheiten. Die Struktur des Semantischen Netzes soll nicht nur die Speicherung von Fakten erlauben, sondern auch die assoziativen Verbindungen zwischen Fakten darstellen, um direkten Zugriff auf in dieser Weise 'benachbartes' Wissen zu ermöglichen. Aufgrund dieser Eigenschaft werden Semantische Netze auch als 'Assoziative Netze' bezeichnet. Darüber hinaus gibt es wenig, das für alle Semantischen Netze Gültigkeit hat. Im folgenden soll aber trotzdem versucht werden, grundlegende Eigenschaften Semantischer Netze aufzuzeigen, und Probleme der Repräsentation zu analysieren.

In frühen Semantischen Netzen stehen die Netzelemente meist für wortnahe Begriffe. Dies führte zu einer starken Vermehrung der Kantentypen, was die Verarbeitung äußerst erschwerte. Abhilfe dafür wurde auf zweierlei Weise geschaffen:
- durch die Beschränkung der Kantentypen auf wenige, semantisch genau definierte strukturelle Relationen und Darstellung inhaltlicher Relationen durch Knoten
- durch die Entwicklung von 'semantischen Primitiva', d.h. von tiefensemantischen Einheiten, mit deren Hilfe alle anderen Einheiten dargestellt werden können (siehe Abschnitt 4.1)

Im folgenden sollen drei Typen von Kanten beschrieben werden, die in fast allen Semantischen Netzen vertreten sind:

- Generalisierung (IS-A, AKO): Dadurch wird ein Konzept mit einem allgemeineren verbunden. Die durch das untergeordnete Konzept beschriebene Klasse von Individuen ist in der übergeordneten Klasse vollständig enthalten. z.B. 'Vogel'--IS-A--³'Tier'

- Individualisierung (INSTANCE-OF, MEMBER-OF): Verbindet ein

Individuum mit seinem generischen Typ (Konzept). Diese Kante bewirkt eine Unterscheidung zwischen Objekt (token) und Objektklasse (type). z.B. 'Laura'--INSTANCE-OF--[3]'Vogel'

- Aggregierung (PART-OF, HAS-AS-PART): verbindet ein Objekt mit seinen Attributen (Teile, Eigenschaften, Funktionen). z.B. 'Flügel'--PART-OF--[3]'Vogel'

Die Notation der Semantischen Netze weist eine gewisse Ähnlichkeit mit der Relationaler Datenbanken auf /32/.

3.3.1 Entwicklung Semantischer Netze

Semantische Netze werden vorwiegend im Bereich sprachverarbeitender Systeme eingesetzt. Auch als psychologische Modelle des menschlichen Gedächtnisses fanden Semantische Netze Verwendung /20/. Dies lag wohl vor allem an ihrer intuitiv einsichtigen Notation und der assoziativen Speicherung des Wissens. Daneben werden aber auch in anderen Gebieten der AI Semantische Netze als KR verwendet.

Das erste Semantische Netz wurde 1968 von M.R.Quillian /21/ entwickelt (Ein ähnliches Konzept verwendete schon B.Raphael für sein System SIR /22/). Die Knoten dieses Netzes repräsentieren **Wortkonzepte**, die durch ihre Relationen zu anderen Konzepten beschrieben werden. An Relationstypen gibt es Mengenoperatoren (Subclass, Modification), Semantische Cases (Subject, Object) und logische Operatoren (and, or, not).

Die Knoten und Kanten, die der Beschreibung eines Wortkonzeptes dienen, sind zu einer **Ebene** zusammengefaßt. Die in einer Ebene referenzierten Konzepte sind durch Kanten mit ihrer eigenen Ebene verbunden. Dadurch muß jedes Wortkonzept nur einmal definiert werden, auch wenn es zur Beschreibung anderer Konzepte Verwendung findet. Zu jeder Ebene existiert genau ein ausgezeichneter Knoten, nämlich das in dieser Ebene definierte Wortkonzept.

Die Wortkonzepte sind (mittels der Relation 'Subclass') zu einer Hierarchie über- bzw. untergeordneter Konzeptklassen verknüpft.

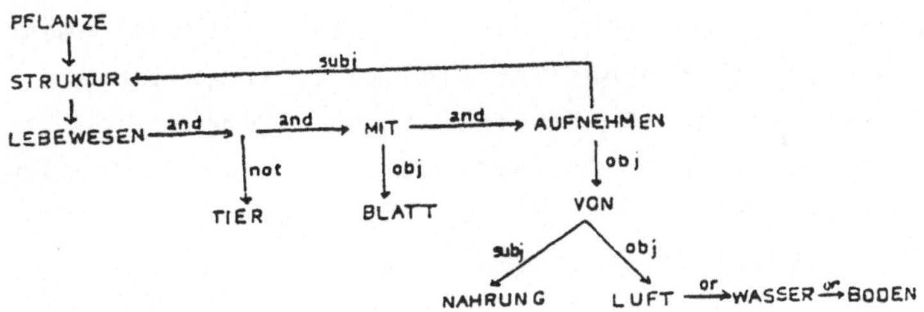

Abb.1:   Das Wortkonzept 'Pflanze' nach Quillian.

Übergeordnete Klassen vererben ihre Attribute auf alle untergeordneten, außer wenn einzelne Eigenschaften explizit modifiziert werden. Die zugrundeliegende Überlegung dabei ist, allgemeine Eigenschaften möglichst weit oben in der Hierarchie festzulegen, um Redundanz zu vermeiden.

3.3.1.1 Konzept - Individuum - Manifestation

Mit dem oben beschriebenen Semantischen Netz konnte man nun Umweltwissen beschreiben. Es zeigte sich aber sehr bald, daß Erweiterungen des Modells notwendig waren. Wenn man neben Begriffen auch reale Objekte und Vorgänge in der Umwelt darstellen will, so ist neben konzeptuellem auch episodisches Wissen nötig. Dazu wurden **Individuen** eingeführt. Individuen repräsentieren Instances bestimmter Konzepte (siehe Abb.2). Jedes Individuum belegt die Attribute des Kon-

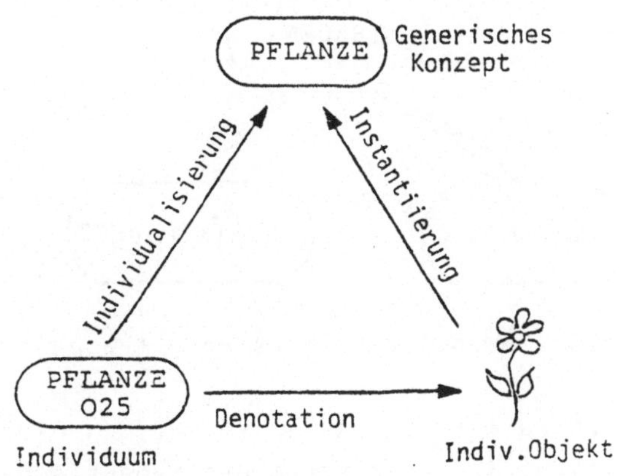

Abb.2: Repräsentation und Umwelt

zepts, dessen Individualisierung es darstellt, mit Werten.

Da sich diese Werte über längere Zeiträume hinweg ändern können, obwohl das Individuum dasselbe bleibt, ist es sinnvoll, mehrere zeitabhängige Ausprägungen eines Individuums zu ermöglichen. Das geschah durch den Knotentyp **Manifestation**. Eine Manifestation stellt das Auftreten eines Individuums in einem bestimmten Ereignis oder einer Episode dar. Der Tisch in meinem Wohnzimmer z.B. ist ein Individuum des Konzepts 'Tisch'. Sein Auftreten in der Episode 'Unser Kind hat die Platte unseres Wohnzimmertisches zerkratzt.' ist eine Manifestation dieses Individuums.

3.3.1.2 Case Grammars

Einen neuen (linguistischen) Ansatz zur Repräsentation von episodischem Wissen brachte die **Case Grammar** /10/. Sie geht von den Verben aus. Jedes Verb verlangt als Ergänzung eine bestimmte Anzahl von **Semantischen Cases**. Solche Cases sind unter anderem der Akteur, der eine Aktion durchführt, das Objekt, auf das die Aktion angewendet wird und das Instrument, mit dem sie durchgeführt wird. Jedes Verb hat nun eine Reihe von obligatorischen und optionalen Cases. Semantische Bedingungen für die Belegung eines Case werden durch 'selectional restrictions' definiert, z.B. ist 'belebtes Objekt' die selectional restriction für den Akteur der Aktion 'tragen' (siehe Abb.3).

Ein Satz wird also verstanden als eine Verbindung von **Modalität** (Zeit, Ort,...) und einer **Proposition** (dem Verb mit seinen Cases). Dabei ging man davon aus, daß nur eine

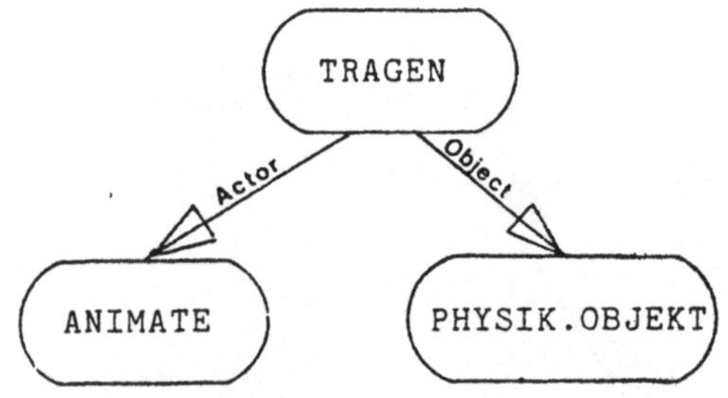

Abb.3: Semantische Cases von 'tragen'

ziemlich kleine Anzahl verschiedener Cases existiert. Diese Vorstellungen ließen sich leicht in das Konzept des Semantischen Netzes integrieren. Dabei stellen die Verba Konzepte und die

Cases mit ihnen verbundene Attribute dar. Entsprechend erweiterte
Semantische Netze tauchen zuerst bei R.F.Simmons /27/, G.G.Hendrix
/14/ und auch D.E.Rumelhart /20/ auf.

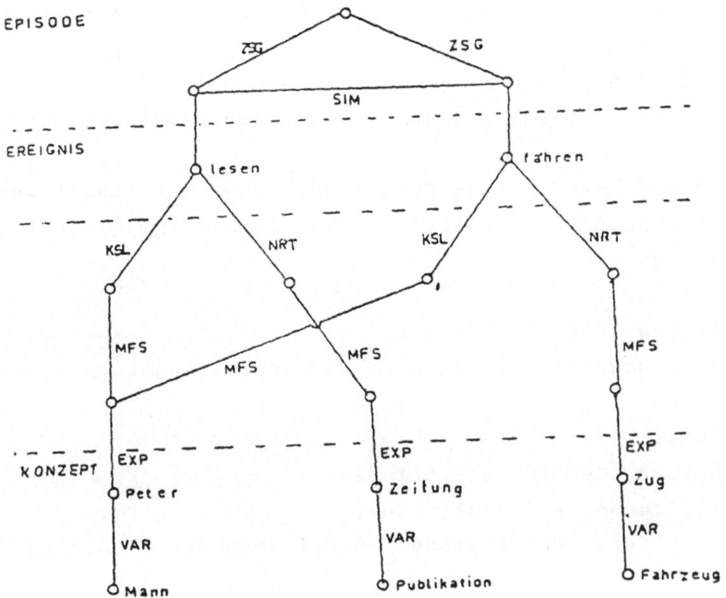

Abb.4: Darstellung des Satzes 'Peter liest eine Zeitung
       während er mit dem Zug fährt' in der Netzstruktur
       von D.G.Hays

Der Begriff des Konzepts wird nun schon differenzierter. Neben
Konzepten zur Repräsentation von Objekten gibt es auch **Ereignisse**
und **Episoden**. Ein Ereignis ist die Individualisierung eines Verb-
konzepts, eine Episode ein oder mehrere Ereignisse in ihrem
zeitlichen und örtlichen Zusammenhang. Ein sehr umfassendes
System, das neben anderen Erweiterungen auch alle hier
besprochenen Strukturen enthält, ist das von D.G. Hays /13/
entwickelte, das allerdings nie implementiert wurde.

Eine etwas andere Art der Darstellung von Umweltwissen ist die von
R.C.Schank entwickelte **Conceptual Dependency** Struktur /24/.

Obwohl er selbst sie nicht als Netz bezeichnet, kann sie durchaus
so interpretiert werden. Den Kern der Darstellung bilden die
Conceptualizations. Darin gibt es zu den Aktionen folgende Cases:

- Actor, führt die Aktion durch
- Object
- Recipient, empfängt das Object als Resultat der Aktion
- Direction, die Richtung einer Aktion
- State, der Zustand, in dem sich ein Object befindet
- Instrument, eine Aktion, die instrumental zu einer zweiten ist

Die verschiedenen Cases können durch Individuen ausgefüllt werden,
die aus entsprechenden Konzeptkategorien stammen. Die wichtigsten
dieser Kategorien sind:

- ACT, die Aktion, die stattfindet
- PP (Picture Producer), alle physikalischen Objekte.   Belebte
  Objekte können als Actor und als Recipient vorkommen. Alle PPs
  können Objects sein.
- LOC, der Ort, an dem ACT stattfindet
- T, die Zeit, zu der ACT stattfindet
- PA (Picture Aider), der Zustand, in dem sich ein PP befindet.

Zwischen diesen Konzeptkategorien können nun bestimmte Relationen
bestehen.   Die   Menge   der
erlaubten Beziehungen   stellt
eine Art Syntax dar, mit deren
Hilfe Conceptualizations erzeugt
werden können. Schanks Annahme
dabei ist, daß diese Conceptualizations unabhängig von   der
natürlichen Sprache sind, die
auf die Conceptual Dependency
Struktur abgebildet wird.

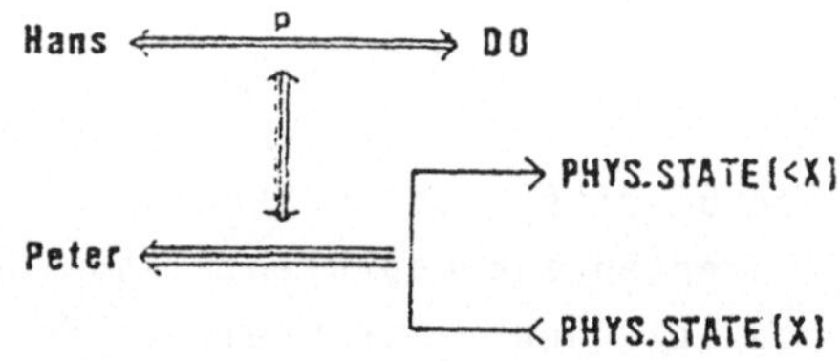

Abb.5: 'Hans verletzt Peter'
        in Conceptual Dependency

Kernstück seiner Theorie sind die ACTs, die Primitiven Aktionen.
Er   definiert insgesamt 11, und alle Verben werden   auf
Kombinationen von ihnen abgebildet. Zu diesen Primitiven Aktionen
gehören unter anderem:

- PROPEL, eine Kraft auf etwas wirken lassen
- MOVE, die Bewegung eines Körperteils
- SPEAK, einen Laut erzeugen
- ATTEND, ein Sinnesorgan einem Reiz zuwenden
- PTRANS, den Standort von etwas ändern
- MTRANS, Information übertragen

Zur Verknüpfung der ACTs gibt es eine Anzahl 'kausaler Relationen'. Dazu zählen:

- Reason, eine Aktion ist die Vorbedingung für eine zweite

- Result, eine Aktion ist das Ergebnis einer zweiten

- Enablement, eine Aktion ermöglicht eine zweite

Immer dann, wenn aus dem Verb der natürlichen Sprache die Aktion nicht klar hervorgeht, wird die Dummyaktion DO verwendet. Das ist z.B. der Fall bei 'verletzen'. Dieses Verb stellt eine Zustandsänderung des Objekts dar, es bleibt aber offen, welche Aktion diese Änderung hervorgerufen hat (siehe Abb.5).

Aus der obigen Beschreibung wird klar, daß in der Conceptual Dependency die Trennung zwischen Struktur und Inhalt völlig aufgehoben ist. Dies erklärt sich aus dem Anspruch, nicht nur ein Wissensrepräsentationssystem, sondern auch ein kognitives Modell darzustellen. Jede qualitative Erweiterung des darzustellenden Weltausschnitts erfordert daher immer auch eine entsprechende Erweiterung/Veränderung der Struktur. Folgerichtig wurden in den letzten Jahren solche Erweiterungen, besonders im Bereich der sozialen Beziehungen /25/, aber auch zur differenzierteren Beschreibung von Objekten /17/, von der Gruppe um R.C.Schank vorgenommen. Die grundsätzliche Problematik der Vermischung struktureller und inhaltlicher Elemente bleibt allerdings bestehen.

3.3.1.3 Eine neue Generation Semantischer Netze

Durch die oben beschriebenen Erweiterungen wurden die
Möglichkeiten Semantischer Netze, Umweltwissen darzustellen, immer
mehr verbessert. Durch die Definition immer neuer Relationstypen
wurden die Netze von ihrer Datenstruktur her immer unüber-
sichtlicher. Außerdem benötigte man mehr und komplexere
Prozeduren, um mit dem Netz arbeiten zu können. Die Steuerung und
Koordination dieser Prozeduren wurde mit steigender Anzahl immer
schwieriger, die Überschaubarkeit aber geringer.

Um diesen Nachteilen zu begegnen, war es nötig, den Aufbau
Semantischer Netze völlig neu zu überdenken. Eine Lösung fand
man, als man daranging, sich mit formalen Aspekten des
Semantischen Netzes näher auseinanderzusetzen. Man unterschied
erstmals genau zwischen der Struktur und dem, was man mit ihr
darstellen wollte. Das führte zu einem neuen Typ von Netzen, bei
denen nur noch strukturelle Beziehungen zwischen Netzteilen durch
Kanten dargestellt wurden. Alle Kantentypen, die eigentlich
inhaltliche Beziehungen zwischen Konzepten darstellten, wurden nun
selber Konzepte. Die Anzahl der benötigten Knoten- und Kantentypen sank dadurch drastisch. Damit war die Struktur des Netzes
von ihrer Syntax her klar. Ihre Semantik ergab sich aus den
Regeln ihrer Verwendung zur Erzeugung des Netzes. Die
inhaltlichen Beziehungen konnten nun nach Belieben vermehrt
werden, ohne die Struktur zu verkomplizieren.

Ein Semantisches Netz, in dem diese Überlegungen sehr klar zum
Ausdruck kommen, ist das von L.K.Schubert /26/. Bei ihm wird die
Struktur des Netzes nach den Regeln des Prädikatenkalküls
axiomatisch definiert. Damit steht ein definiertes, überschau-
bares System zur Verfügung, mit dem dann beliebige Semantische
Netze konstruiert werden können. Gleichzeitig ist durch die
Einheitlichkeit der Struktur gesichert, daß die nötigen Prozesse
unabhängig von Größe und Inhalt des Netzes ablaufen können. Mit
der starken Anlehnung an den Prädikatenkalkül gehen allerdings
auch verschiedene Vorteile der Netznotation verloren.

Einen anderen Weg in Richtung auf eine klarere Struktur stellen

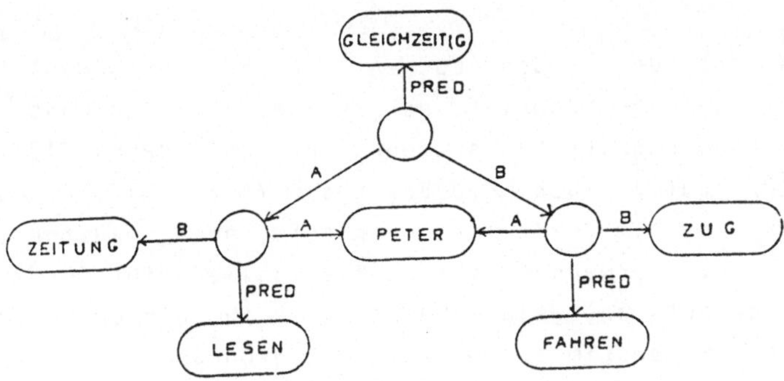

Abb.6: Netzdarstellung des Beispiels von Abb.4
nach L.K.Schubert

die **Partitionen** dar, die von G.G. Hendrix /14/ entwickelt wurden.
Das Prinzip der Partition besteht darin, daß man zusammengehörige
Teilbereiche des Netzes zusammenschloß.   Damit   bestand   die
Möglichkeit, sie als Ganzes anzusprechen oder auch sie insgesamt
vom Zugriff auszuschließen. Das bedeutet, daß jede Partition nach
außen gewissermaßen einen einzigen Knoten darstellt.   Hendrix
verwendete diesen Mechanismus unter anderem um den Wirkungsbereich
logischer Quantoren darzustellen.

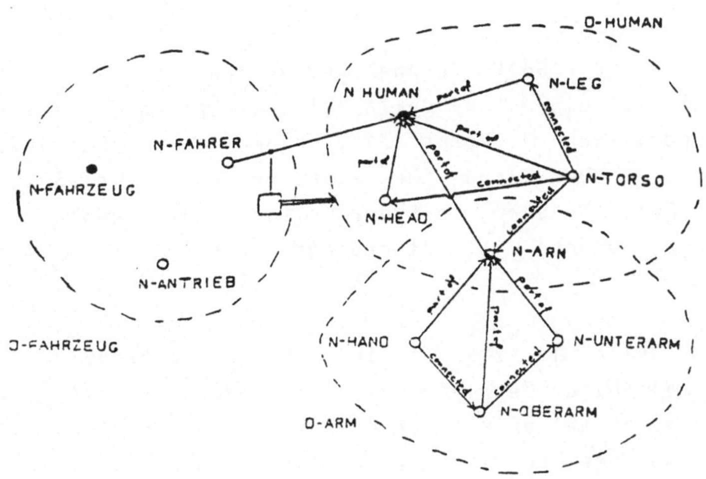

Abb.7 Definition von 'Fahrzeug' und 'Mensch' und
'Arm' und ihre Interaktion nach Ph.Hayes

Ein weiterer Aspekt, der in den neueren Arbeiten über Semantische Netze auftaucht, ist der Begriff der **Rolle**. Dieser aus der Soziologie stammende Begriff taucht zuerst bei Ph.J.Hayes /12/ und S.E.Fahlman /8/ auf. Auch R.J.Brachman /4/, mit dessen Überlegungen wir uns im weiteren Verlauf noch ausführlich beschäftigen werden, verwendet ihn. Die Rolle gibt für jedes Attribut eines Konzepts an, welche Funktion es in diesem Konzept übernimmt. Außerdem bestimmt sie, welche Einschränkungen für die möglichen Belegungen des Attributs gelten müssen. Dabei ist es wesentlich, daß die Rollen gleichzeitig Teile einer Struktur bilden. Wenn man z.B. an irgendein Spiel denkt, so gibt es sicher die Rolle 'Mitspieler'. Diese Rolle kann durch alle zum Konzept 'Person' gehörigen Individuen ausgefüllt werden. 'Person' ist dann die Werteinschränkung für dieses Attribut.

Diese Art der Beschreibung von Konzept ist stark durch die Frame-Notation beeinflußt. Tatsächlich stellen viele der neueren Entwürfe, wie auch KLONE, das im folgenden beschrieben wird, eine Integration von Semantischem Netz und Frames dar.

3.4 KLONE

KLONE /5/ wurde bei Bolt, Beranek and Newman unter R.J.Brachman entwickelt. Es ist eine stark deklarative KR-Sprache, die auf den Structured Inheritance Networks /4/, einer Form Semantischer Netze, aufbaut. KLONE wird für eine Reihe von AI-Systemen, besonders im Bereich der Textverarbeitung angewendet. Die Entwicklung der Sprache ist allerdings noch nicht vollständig abgeschlossen.

KLONE gliedert sich in zwei Teile: Einen deskriptiven zur Beschreibung beliebiger Begriffe mit Hilfe anderer Begriffe, wofür eine beschränkte Anzahl primitiver Operatoren zur Verfügung steht. Die Bildung solcher Begriffe sagt nichts über die Existenz entsprechender Elemente in der Welt aus. Die Beziehungen zu realen Elementen werden mit Hilfe des assertorischen Teils hergestellt, der erst teilweise implementiert ist.

KLONE zeichnet sich gegenüber anderen Sprachen durch seine klare Semantik aus. Ein wesentliches Merkmal ist die strikte Trennung zwischen der Struktur der Sprache und den darzustellenden Inhalten.

Die Beschränkung auf Definition anstelle der Deskription von Konzepten ermöglicht die automatische Klassifizierung von Objekten auf Grund ihrer Merkmale. Der Preis dafür ist das Verbot, die Vererbung gewisser Eigenschaften von Konzepten aufzuheben. Ein weiterer Nachteil ist das weitgehend ungelöste Problem der Quantifizierung.

3.4.1 Konzepte

KLONE ist eine objektorientierte Sprache. Grundelement ist das strukturierte konzeptuelle Objekt, im weiteren Konzept genannt. Konzepte sind in einer definitorischen Taxonomie zusammengefaßt, die eine hierarchische Ordnung der Konzepte darstellt. Es gibt nur genau ein Konzept im System, das keine übergeordneten Konzepte (Superkonzepte) hat. Dieses Konzept (genannt 'Thing') stellt die Wurzel der gesamten Hierarchie dar. Alle anderen Konzepte verfügen über mindestens ein, im Regelfall aber mehrere Super-konzepte.

Die Merkmale eines Konzepts vererben sich auf alle ihm untergeordneten. Das Aufheben der Vererbung für bestimmte Merkmale ist explizit verboten. Konzepte gelten als durch ihre eigenen und ererbten Merkmale vollständig definiert. Dies ist wesentlich für die Klassifizierung von Objekten, da nur so eine eindeutige Zuordnung auf Grund von Merkmalen möglich ist.

Daneben besteht auch die Möglichkeit, primitive Begriffe, die innerhalb der Struktur von KLONE nicht vollständig definiert werden können, da ihre Bedeutung durch Prozesse außerhalb von KLONE bestimmt ist, als Konzepte darzustellen. Solche Konzepte werden durch '*' gekennzeichnet, und es können ihnen keine Objekte eindeutig zugeordnet werden. In diese Klasse fallen die meisten 'natürlichen' Begriffe, die reale Elemente der Welt beschreiben. Während z.B. 'Vierfüßer' vollständig definiert ist als 'Tier' mit

genau 4 'Füßen', ist der Begriff 'Hund' zwar beschreibbar,
entzieht sich aber einer vollständigen Definition.

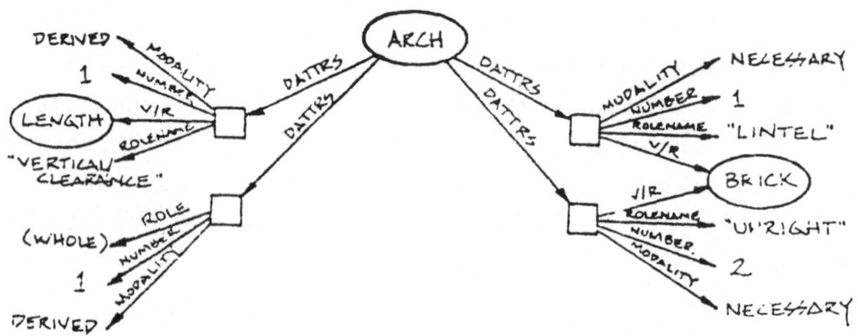

Abb.8:   Das Konzept 'Bogen' (nach R.Brachman)

Bei den Konzepten wird zwischen generischen und indiviuellen
unterschieden. Generische beschreiben eine Menge von potentiellen
Referenten, individuelle genau einen. Jedes individuelle Konzept
ist genau einem generischen zugeordnet.

3.4.2 Rollen

Rollen beschreiben potentielle Beziehungen zwischen den Instances
eines Konzepts und anderen eng assoziierten Konzepten (z.B. Eigenschaften, Teile). In KLONE sind sie als RoleSet Knoten
realisiert. Sie haben einen (innerhalb des beschriebenen
Konzepts) eindeutigen Namen, eine Beschreibung potentieller Füller
(Value Restriction), sowie eine zahlenmäßige Beschränkung (Number
Restriction).

Diesen Rollen entsprechen bei den individuellen Konzepten Wert-
knoten (sogenannte IRoles), die an die RoleSets des generischen
Konzepts gebunden werden.

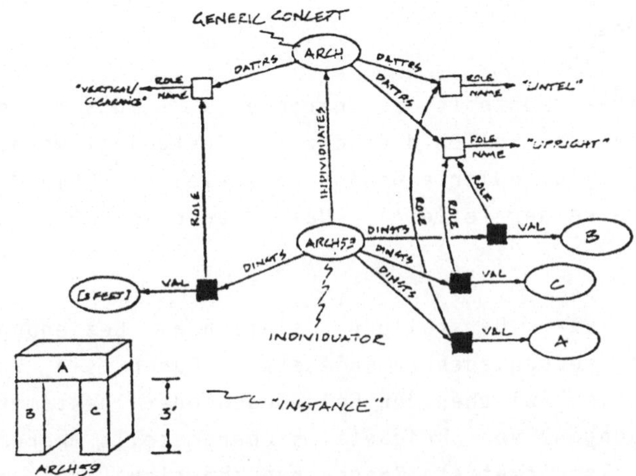

Abb.9: Ein Individuum des Konzepts 'Bogen'
       (nach R.Brachman)

3.4.3 Relationen zwischen Rollen

Bei der Vererbung können Rollen auf verschiedene Weise abgeändert
werden. Dazu dienen die Inter-Role Relations, die im folgenden
beschrieben werden.

- Restriction: dadurch kann ein RoleSet bei der Vererbung weiter
  eingeschränkt werden, indem die Anzahl auf ein Teilintervall des
  vorher gültigen gesetzt wird und/oder indem die
  Value/Restriction durch ein Subkonzept der bisher gültigen
  ersetzt wird.

- Differentiation: der RoleSet wird bei der Vererbung in mehrere
  aufgespalten, wobei die Gesamtanzahl die ursprüngliche nicht
  übersteigen darf. Diese Relation kann auch zwischen RoleSets
  desselben Konzepts angewandt werden.

- Particularization: dadurch werden die RoleSets für individuelle
  Konzepte weiter restringiert (analog zur Restriction).

- Satisfaction: stellt die Beziehung zwischen einer IRole und dem
  zugehörigen RoleSet her.

3.4.4 RoleSet Relations

Um die Bedeutung eines Konzepts zu definieren, müssen die
Zusammenhänge zwischen den Rollen des Konzepts festgelegt werden,
die den Rollen erst die intendierte Bedeutung verleihen ('Ein Ding
ist mehr als die Summe seiner Teile.'). Dazu dienen in KLONE die
RoleSet Relations.

RoleValueMaps dienen zur Darstellung einfacher Beziehungen
zwischen den Füllern verschiedener RoleSets. Durch sie kann
Identität bzw. Inklusion zwischen den Belegungen oder bestimmten
Aspekten der Belegungen von RoleSets sichergestellt werden.
RoleValueMaps werden als verkettete Zeiger repräsentiert, die auf
die angesprochenen Aspekte zeigen.

Komplexere Beziehungen werden mit Hilfe der Structural Description
dargestellt. In der Structural Description ist ausgedrückt,
welche Beziehungen zwischen den Rollen eines Konzepts unter-
einander und zum Konzept als ganzem bestehen. Dazu dienen
parametrisierte Versionen (sogenannte Parakonzepte) anderer
Konzepte des Netzes.

3.4.5 Kontext und Nexus

Wie schon erwähnt, verfügt KLONE über einen eigenen Teil, in dem
Koreferenz, Existenz und ähnliche Bezüge zwischen Konzepten und
Elementen der Umwelt dargestellt werden können. Alle diese
Aussagen sind immer relativ zu einem bestimmten Kontext und
beeinflussen das konzeptuelle Wissen nicht.

Ein Nexus dient dazu, die Existenz eines Objekts, das der
Beschreibung eines Konzepts entspricht, darzustellen. Dies
geschieht durch Verknüpfung des Nexus mit dem Konzept mit Hilfe
eines 'description wire'. Um Koreferenz darzustellen, wird ein
Nexus mit den entsprechenden Konzepten verbunden.

Ein Kontext besteht aus einer Menge von Nexuses mit ihren description wires. Jeder Kontext stellt eine eigene 'Welt' dar, indem er die Existenz und Koreferenz bestimmter Objekte festlegt.

3.5 Zusammenfassung

Semantische Netze stellen eine sehr flexible und intuitiv einsichtige Methode der Wissensrepräsentation dar. Wissen wird in Form von Semantischen Einheiten und binären Relationen zwischen diesen Einheiten dargestellt.

Die am häufigsten verwendeten Klassen Semantischer Einheiten sind:
- Konzepte (generische Konzepte, Begriffe)
- Individuen (Individuenkonzepte, Instances, Exemplare)
- Manifestationen

An Relationen finden häufig Verwendung:
- Generalisierung (IS-A, subclass, SuperC)
- Klassifizierung (member-of, individuates)
- Aggregierung (part-of, has-as-part, attribute)

Grundlegend ist die Idee der assoziativen Speicherung des Wissens, d.h. zusammengehöriges Wissen soll auch logisch benachbart gespeichert sein. Dadurch wird das Ziehen relevanter Schlüsse erleichtert. Wesentlich ist ferner die Idee der Vererbung von Eigenschaften über die Generalisierungshierarchie, d.h.daß alle für eine allgemeine Einheit gültigen Eigenschaften auch für alle ihr untergeordneten Geltung haben, soweit dies nicht explizit ausgeschlossen wird.

Weiterentwicklungen des Formalismus zielen hauptsächlich in drei Richtungen:
- Integration von Frames und Semantischem Netz, um eine bessere Einbindung prozeduraler Elemente zu ermöglichen.
- eine stärkere Trennung von Struktur und Inhalt, um eine bessere epistemologische Grundlage zu gewinnen. Dadurch können allgemeinere Schlußmechanismen zur Anwendung kommen, was eine Voraussetzung für Erweiterbarkeit und Portierbarkeit darstellt.

- Entwicklung hybrider Systeme, bei denen das Semantische Netz nur
  noch zur Darstellung des konzeptuellen Wissens dient.   Damit
  soll die Schwäche Semantischer Netze in der Darstellung von
  Quantifizierungen behoben werden.

Weiterführende Literatur zum Thema Wissensrepräsentation im allgemeinen sowie zu Semantischen Netzen im Besonderen finden sie
unter anderem in:

Bobrow D., Collins A. (eds.), Representation and Understanding,
     Academic Press, New York - London 1975.
Brachman R.J., A Structural Paradigm for Representing Knowledge,
     Ablex Publishing Corporation, Norwood N.J., 1986.
Brachman R.J., Levesque H.L.(eds.), Readings in Knowledge
     Representation, Morgan Kaufmann Publ., Inc., Los Altos CA
     1985.
Findler N. (ed.), Associative Networks, Academic Press, New York
     - London 1979.
Kobsa A., Wissensrepräsentation, Berichte der österreichischen
     Studiengesellschaft für Kybernetik, Wien 1983.
Trost H., Deklarative Wissensrepräsentation - Ein Überblick und
     eine Anwendung im Bereich natürlichsprachiger Systeme,
     Berichte der Österreichischen Studiengesellschaft für
     Kybernetik, Wien 1984.

Literatur

/1/ Barr A., The Representation Hypothesis, Working Paper HPP-80-1, Stanford University 1980.

/2/ Bobrow D.G., A.Collins (eds.), Representation and Understanding: Studies in Cognitive Science, Academic Press, New York 1975.

/3/ Bobrow D.G., T.Winograd, An Overview of KRL, a Knowledge Representation Language, Cognitive Science, 1(77)3-46.

/4/ Brachman R.J., A Structural Paradigm for Representing Knowledge, BBN Report No.3605, Cambridge 1978.

/5/ Brachman R., Cicarelli E., Greenfield N., The KLONE Reference Manual, BBN Report No.3848, Cambridge 1978.

/6/ Davis D.J., POPLER: A POP-2 Planner, Report No.MIP-89, School of Artificial Intelligence, University of Edinburgh, Edinburgh 1972.

/7/ Davis R., Buchanan B.G., Shortliffe E.H., Production Rules as a Representation for a Knowledge-Based Consultation System, Artificial Intelligence 8(77)15-45.

/8/ Fahlman S.E., NETL: A System for Representing and Using Real-World Knowledge, MIT Press, Cambridge 1979.

/9/ Findler N.V.(ed.), Associative Networks, Academic Press, New York 1979.

/10/ Fillmore C., The Case for Case, In: E.Bach, R.Harms (eds.), Universals in Linguistic Theory, Holt, New York 1968.

/11/ Habel Ch., Schmidt A., Eine modallogische Repräsentations-sprache zur Darstellung von Wissen, In: W.Vandeweghe, M.Van de Velde (eds.), Bedeutung, Sprechakte und Texte, Niemeyer Verlag, Tübingen 1979.

/12/ Hayes Ph.J, Some Association Based Tecniques for Lexical Disambiguation by Machine, Thesis, Ecole Polytechnique Federale de Lausanne 1977.

/13/ Hays D.G., Types of Processes on Cognitive Networks, Proc. COLING-73.

/14/ Hendrix G.G., Encoding Knowledge in Partitioned Networks, In: /9/.

/15/ Hewitt C., Bishop P., Steiger R., A Universal Modular Actor Formalism for Artificial Intelligence, Proceedings IJCAI-73.

/16/ Kowalski R.A., Predicate Logic as a Programming Language, Proc.IFIP-74, Stockholm 1974.

/17/ Lehnert W.G., The Process of Question-Answering, Lawrence Erlbaum Ass., New Jersey 1978.

/18/ McDermott D., Sussman G., The CONNIVER Reference Manual, MIT AI Lab, Memo 269a, Cambridge 1974.

/19/ Minsky M., A Framework for Representing Knowledge, In: P.Winston (ed.), The Psychology of Computer Vision, McGraw-Hill, New York 1975.

/20/ Norman D.A., Rumelhart D.E, Strukturen des Wissens: Wege der Kognitionsforschung, Klett-Cotta, Stuttgart 1978.

/21/ Quillian R., Semantic Memory, In: M.Minsky (ed.), Semantic Information Processing, MIT Press, Cambridge 1968.

/22/ Raphael B., SIR: Semantic Information Retrieval, In: M.Minsky (ed.), Semantic Information Processing, MIT Press, Cambridge 1968.

/23/ Reboh R. et al., QLISP: A Language for the Interactive Development of Complex Systems, TN-120, SRI International, Menlo Park 1976.

/24/ Schank R.C., Conceptual Information Processing, North-Holland, Amsterdam 1975.

/25/ Schank R.C., Carbonell J.G., Re: The Gettysburg Address
     Representing Social and Political Acts, In: /9/.
/26/ Schubert L.K., The Structure and Organization of a Semantic
     Net for Comprehension and Inference, Dept.of CS, TR 78-1,
     Univ.of Alberta, Edmonton 1978.
/27/ Simmons R.F., Bruce B.C., Some Relations between Predicate
     Calculus and Semantic Net Representation of Discourse, Proc.
     IJCAI-71.
/28/ Wahlster W., Die Repräsentation von vagem Wissen in
     natürlichsprachigen Systemen der Künstlichen Intelligenz,
     IFI-HH-B-38, Institut für Informatik, Universität Hamburg,
     1977.
/29/ Waterman D.A., Hayes-Roth F.   (eds.), Pattern-Directed
     Inference Systems, Academic Press, New York 1978.
/30/ Winograd   T.,   Frame   Representations   and   The
     Declarative-Procedural Controversy, In: /2/, 1975.
/31/ Winograd T., Understanding Natural Language, Academic Press,
     New York London 1976.
/32/ Zilles N., Brodie M.(eds.), Proceedings of the Workshop on
     Data Abstraction, Databases and Conceptual Modelling, SIGART
     74(1981).

4 Knowledge Engineering und Expertensysteme

Johannes Retti

Knowledge Engineering befaßt sich mit Entwicklung und Anwendung
wissensbasierter Systeme, das heißt, mit dem Problem, wie Wissen
am Computer verfügbar und insbesondere verwendbar gemacht werden
kann. Der Computer soll als eine allgemein und einfach zugäng-
liche Wissensquelle, die selbst Schlußfolgerungen ziehen kann, und
nicht nur als Datenbank betrachtet werden. Unter Wissen wird
gegenwärtig das spezielle domänenspezifische Wissen eines Experten
verstanden, der aufgrund seiner Ausbildung und Erfahrung Probleme
in kurzer Zeit lösen kann, die einem Laien verschlossen sind.
Dieses Wissen umfaßt Fakten, typische Aufgabenstellungen und
Problemlösungsheuristiken. Der (die) Experte(n) werden vom
wissensbasierten System simuliert, und diese Systeme werden daher
als **Expertensysteme** bezeichnet.

Der Zusammenhang von Knowledge Engineering mit der Artificial
Intelligence (AI) ergibt sich aus der Intention, intelligente
Partner darzustellen, und vor allem durch die Verwendung der
Methoden, die auf dem Gebiet der Wissensrepräsentation und des
symbolischen Problemlösens entwickelt wurden.

4.1 Was versteht man unter Knowledge Engineering?

Im Gegensatz zu 'Artificial Intelligence', die auch als
'Künstliche Intelligenz' oder als 'Intellektik' bezeichnet wird,
ist für Knowledge Engineering keine deutsche Bezeichnung
verfügbar. Um 'Knowledge Engineering' näher zu erläutern, wenden
wir uns den Teilen dieses Begriffes zu.

Der Begriff 'Wissen' (Knowledge) - wobei sich die AI nicht anmaßt,
eine theoretische Definition zu geben, wohl aber sehr an
pragmatischen Aspekten interessiert ist - umfaßt Fakten über
Objekte, Ereignisse, Zusammenhänge, soziales Wissen, prozedurales
Wissen und **Meta-Wissen,** das heißt beispielsweise, Wissen über
Schlußregeln, Wissen über Organisation und Anwendung von Wissen.
Unterschiedliche Formen des 'Wissens' beschreibt I.Steinacker im
ersten, und H.Trost im dritten Beitrag dieses Buches.

Bei Knowledge Engineering ist Wissen als 'domain specific knowledge' zu verstehen: Wissen über ein Spezialgebiet, das als Expertenwissen bezeichnet wird. Von diesem stammt der Name **Expertensysteme (Expert Systems)**.

Der zweite Teil des Begriffs - Engineering - kann am besten mit 'Ingenieurswesen' oder 'Ingenieurskunst' übersetzt werden. Hier steht die Frage im Vordergrund, welche Verfahren der Wissensrepräsentation (prozedural, deklarativ, direkt, Semantisches Netz, Produktionssystem) und welche Form von Inferenzmechanismen (z.B. Methode des Generiere-und-Teste, mustergesteuerte Mechanismen) für ein spezifisches Problem geeignet sind. Die Kunst liegt in der Wahl des Formalismus und dessen Anpassung und Weiterentwicklung anhand des Aufgabengebietes des Expertensystems. **Knowledge Engineering** beschäftigt sich also damit, die Prinzipien und Methoden der AI-Forschung in komplexen Applikationsbereichen, deren Probleme die Anwendung von Expertenwissen zu ihrer Lösung erfordern, einzusetzen.

Die technischen Verfahren, dieses Wissen zu erfassen, es für den Computer adäquat darzustellen und in geeigneter Form zu nutzen, um 'Denkvorgänge' - im Sinne von Schlußketten - zu generieren, zu rekonstruieren und zu erklären, stellen wesentliche Punkte **wissensbasierter Systeme (WBS)** dar (Feigenbaum, 1977).

Das Ziel wissensbasierter Systeme ist es, dem Benutzer das Wissen und die Performanz eines Experten zur Verfügung zu stellen. Dadurch, daß der Computer einen Experten simuliert, wird hochspezialisiertes Wissen, das früher nur über (kostspielige) Experten zugänglich war, zeitlich und räumlich unbegrenzt sowie allgemein verfügbar und reproduzierbar. Außerdem kann mit wissensbasierten Systemen die Verbreitung neuer wissenschaftlicher Erkenntnisse und Forschungsergebnisse gefördert werden (z.B. Austausch von Information über die Glaukomerkrankung mit CASNET,. Weiss et.al., 1978) Beide Entwicklungsrichtungen schließen einander nicht aus. So werden auch Unterrichtssysteme entwickelt, die das in der Wissensbasis und den Schlußfolgerungen eines Expertensystems enthaltene Wissen an Studenten vermitteln (z.B. NEOMYCIN, siehe Artificial Intelligence, 1983).

4.2 Komponenten und Methoden etablierter Expertensysteme

Ein aus den minimal notwendigen Komponenten aufgebautes
Expertensystem besteht aus Wissensbasis und Inferenzmechanismus
(Problemlösungsheuristik). Die Inferenz- beziehungsweise Problem-
lösungskomponente versucht, Wissen, das nicht explizit in der
Wissensbasis enthalten ist, abzuleiten. Zu diesen beiden
Hauptkomponenten kommen Erklärungs-, Wissenserwerbs- und
Dialogkomponente. Die Erklärungskomponente versucht auf Anfragen
des Benutzers, die Gründe und Ursachen darzulegen, die zu einer
bestimmten Aussage des WBS führten. Die Wissenserwerbskomponente
dient der Aufnahme neuen Wissens, und die Dialogkomponente führt
die Kommunikation des WBS mit dem Benutzer durch. Zu diesen
Komponenten treten weitere Strukturen, die im Verlauf des
Inferenzprozesses die Speicherung von Zwischenresultaten
übernehmen.

Die explizite Trennung der Problemlösungskomponente von der
Wissensbasis ist eine der Stärken insbesondere von **Produktionssystemen**, die im folgenden kurz erläutert werden. Diese Trennung
erlaubt eine Weiterentwicklung speziell in einem Projekt
entwickelter Komponenten zu Knowledge Engineering Werkzeugen (z.B.
EMYCIN aus MYCIN, siehe Kap.4.4).

Ein Produktionssystem ist durch folgende Eigenschaften charakterisiert:

1. Eine Wissensbasis, die Produktionsregeln (siehe z.B.
   Bild 4.2.2.1) enthält.
2. Eine Datenstruktur, die den aktuellen Kontext beschreibt.
   (=Arbeitsspeicher, "Kurzzeitgedächtnis")
3. Einen Interpreter, der die in den Regeln festgelegten Aktionen
   ausführt.

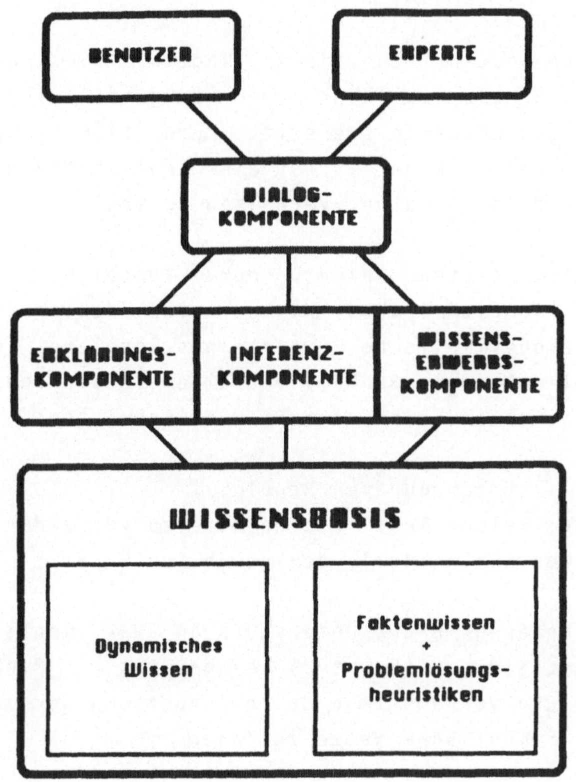

Bild 4.2.1 Komponenten eines Expertensystems

Die besondere Eigenschaft der regelgesteuerten Systeme ergibt sich aus der konsequenten Zweiteilung in eine Untersuchung der Situation und ihre anschließende Modifizierung. Diese Teilung ist im Formalismus der Produktionen spezifiziert: Eine _Regel_ stellt ein geordnetes Paar, bestehend aus Situations- (Prämissen, Antecedens) und Aktionsteil (Konklusion, Konsequenz) dar, wobei der Situationsteil die Bedingungen für die Ausführung der Aktion ("Feuern einer Regel") festlegt.

Die Vorteile dieses Formalismus liegen im explizit definierten Wissen und in der zumindest theoretisch minimalen Interaktion verschiedener Regeln und damit einer einfachen Modifizierbarkeit der Wissensbasis. Weiters bieten Regeln die Möglichkeit einer mehrschichtigen Architektur, die eine regelgesteuerte Modifikation der Wissensbasis selbst zuläßt.

Eine **Schlußkette** besteht aus jenen Regeln, die zur Anwendung kommen, um ein Problem zu lösen. Der Rückgriff auf die einzelnen Regeln in der Wissensbasis versetzt Produktionssysteme in die Lage, die "Gründe" (=Regeln) für eine Schlußkette anzugeben und damit ihr eigenes Input-Output Verhalten zu erklären.

Produktionssysteme bieten nicht nur Vorteile. Neben der Schwierigkeit, algorithmisches Wissen oder deklaratives Wissen (z.B. über die physikalische Umwelt eines Roboters) in Regelform auszudrücken, liegt der Nachteil vor allem in der Ineffizienz der Regelinterpretation. Sie erfolgt in drei Schritten:

1. Suche nach allen anwendbaren Regeln,
2. Entscheidung, welche Regel als nächste zu verwenden ist,
3. Ausführung des Aktionsteils der gewählten Regel.

Häufig werden Metaregeln zur Unterstützung der Konfliktauflösung bei der Entscheidung (Punkt 2) eingesetzt. Probleme der Wissensdarstellung versucht man durch Einbettung der Produktionen in Frames oder Semantische Netze zu lösen.

4.2.1 Wissensbasis

Die Mächtigkeit eines WBS und die Qualität der Schlußfolgerungen basieren primär auf den in der **domänenspezifischen Wissensbasis** zur Verfügung stehenden Fakten. Auch ausgeklügelte Inferenzmechanismen sind sensitiv bezogen auf ihre Ausgangsdaten. Der Wissensbasis kommt die kritische Rolle bei der Organisation und den einschränkenden Bedingungen einer Problemlösung (Suche) zu, deren Ziel es ist, in vertretbarer Zeit Resultate zu erreichen.

Bezüglich des Einsatzbereiches gilt, daß er klein genug und damit erfaßbar für gegenwärtige Computertechnologie und groß genug und damit sinnvoll für den Benutzer und Spezialisten sein muß (z.B. Dateninterpretation von Lungenfunktionstests, siehe Kap.4.3.1).

Während etwa Produktionssysteme eine deklarative Wissensdarstellung mit prozeduralen Aspekten verwenden, wurden auch
Versuch unternommen, verschiedene Darstellungsformen gleichzeitig
in einem WBS zu nutzen, die dann über eine Zwischenstruktur, das
sogenannte Blackboard, kommunizieren.

Die Wissensbasis soll **flexibel** sein, und zwar insofern, daß Wissen
auf einfache Art und Weise hinzugefügt, entfernt, und geändert
werden kann. Das bedeutet, daß das Wissen explizit vorhanden -
und nicht irgendwo innerhalb eines Programms versteckt - sein muß.
Diesen Vorteil bietet das uniforme Repräsentationsschema der
Produktionssysteme. Als Preis muß jedoch bei wachsender Wissensbasis ein immer ineffizienter werdender Inferenzmechanismus in
Kauf genommen werden.

Produktionssysteme bieten mit der **Modularität** der Wissensbasis und
der Möglichkeit, strategisches Wissen (Kontrollstruktur) in
Meta-Regeln zu definieren, wesentliche Voraussetzungen für eine
flexible Wissensbasis. Prozedurale Repräsentationen (Wissen ist
in Prozeduren enthalten) stellen Wissen eher implizit dar, bieten
dafür aber den Vorteil, den Inferenzprozeß explizit kontrollieren
zu können.

Grundsätzlich gilt, daß gemeinsam benutztes Wissen gemeinsam und
häufig verwendetes Wissen zugriffsoptimal gespeichert sein soll.
Wissenscompilation, wie sie beispielsweise EMYCIN (RCOMPL erzeugt
aus Regelblöcken LISP-Prozeduren, die vom LISP-Compiler übersetzt
werden können) und OPS5 (siehe Kap.4.4) vorsehen, transformiert
ein Produktionssystem in eine Darstellung, die eine raschere
Verarbeitung ermöglicht und den Speicherplatzbedarf optimiert.

Aufbau und Wartung der Wissensbasis(en) eines WBS erfordern, daß
zusätzlich zu objektiven Fakten aus Lehrbüchern Experten ihr
subjektives Wissen einbringen. Es sollen möglichst **vielfältige
Wissensquellen** bei der Erstellung genutzt werden. Das Expertenwissen besteht zum Teil aus Heuristiken, die es ermöglichen,
Schlüsse aus unvollständigen Daten zu ziehen, frühzeitig
vielversprechende Ansätze zu erkennen und nicht zuletzt, 'gut zu
raten'.

Die Möglichkeit des Zugriffs auf verschiedene Gesichtspunkte eines Problems ('multiple-line-of-reasoning') erlaubt, eine Lösung schneller zu finden, und verringert die Wahrscheinlichkeit, Alternativen zu übersehen. Damit steigen die Erfolgsaussichten des Backtracking (Zurück aus einer 'Sackgasse' zur letzten ungenutzten Alternative) aber auch dessen Aufwand. Eine domänenspezifische - Kontrollstruktur zu entwickeln, die die Inferenzkomponente effizient nutzt, ist eine Aufgabe des Knowledge Engineering.

Der Vorteil einer uniformen Wissensrepräsentation für ein WBS liegt in der globalen Anwendbarkeit der Problemlösungskomponente; der Nachteil in der Schwierigkeit, Fakten, die in der gewählten Repräsentation nur schwer dargestellt werden können, zu integrieren.

4.2.2 Inferenzkomponente

Ein WBS muß sich intelligent verhalten. Das erfordert die Fähigkeit, aus den zur Verfügung stehenden Fakten Inferenzen (Schlüsse) zu ziehen. Damit besitzt Knowledge Engineering eine enge Beziehung zum Problemlösen. Die Inferenzverfahren hängen eng mit der gewählten Form der Wissensrepräsentation zusammen. Sie werden in der 'Inference Engine' zusammengefaßt und können, falls sie von der aktuellen Domäne unabhängig sind, auch auf andere, für die Repräsentationsform geeignete Bereichen, übertragen werden (z.B. MYCIN und PUFF, siehe Kap.4.3.1).

Für die Lösung eines Problems sind drei Strukturelemente nötig, die gemeinsam betrachtet werden müssen, da Kontrolle und Operatoren je nach dem Aufbau eines Expertensystems explizit in der Wissensbasis definiert, oder implizit in der Problem-lösungskomponente integriert sind:

I. Wissensbasis

Die Wissensbasis enthält alle Fakten des Systems, bei einem
Produktionssystem beispielsweise alle Regeln, Daten und
Informationen zur Steuerung des Inferenzprozesses (siehe oben).

II. Operatoren

Operatoren können neues Wissen ableiten. Je nach
Systemphilosophie werden sie zur Wissensbasis oder zum Inferenzmechanismus gerechnet. Die Schlußregel 'Modus ponens' ist ein
einfaches Beispiel für einen Operator auf dem Gebiet des
Automatischen Beweisens, der besagt, daß, falls 'X' und 'aus X
folgt Y' wahr ist, auch 'Y' wahr sein muß.

In der Praxis erweist sich, daß viele dem Aufgabengebiet
angepaßte Operatoren (beispielsweise spezielle
domänenspezifische Regeln) effizienter sind als wenige
allgemeine.

III. Kontrollstrategie

Sie muß eigentlich nur eine Frage beantworten, die aber kritisch
für die Performanz eines Systems ist:

Welcher Operator ist wann anzuwenden?

Die Kontrollstrategie und die Wahl der Operatoren beeinflußt
auch die Wissensrepräsentation.

Zwei prinzipielle Vorgangsweisen bei der Problemlösung in einem
WBS sind:

a) **vorwärtsgesteuert:**   b) **rückwärtsgesteuert:**
   forward reasoning,   backward reasoning,
   datengesteuert,   zielgesteuert,
   meist bottom-up,   meist top-down,
   if_added Methoden   if_needed Methoden
   bei Regeln
   forward-chaining   backward-chaining

Die Anwendung der Operatoren erfolgt dementsprechend:

a) auf jene Strukturen der   b) auf das Ziel, das in
   Wissensbasis, die die aktuelle   'leichter' zu erfüllende
   Datensituation beschreiben,   Subziele aufgeteilt wird.
   um eine modifizierte Situation   Die Operatoren erzeugen
   zu erhalten, die Ziel-   eine Menge von Sub-
   bedingungen erfüllt.   problemen.
   Die Operatoren erzeugen neue   Ein Beispiel für den
   Zustände in der Wissensbasis.   Prozeß des backward-chaining
   Die Menge der entstehenden   von Regeln bietet der
   Problemzustände wird als   Inferenzprozeß von MYCIN,
   Zustandsraum ('state-space')   der alle Regeln anzuwenden
   bezeichnet, wobei der Begriff   versucht, in deren Konklusion
   bei manchen Autoren darauf   das Ziel - die Lösung -
   eingeschränkt wird, daß jeder   (z.B. ein Bakterium)
   Operator genau einen neuen   auftritt.
   Zustand erzeugt.

In der Praxis wird eine bidirektionale Strategie mit der
Verbindung daten- und zielgesteuerter Verfahren angestrebt, um die
Zahl der zu untersuchenden Situationen möglichst klein zu halten
und damit effizient und rasch zu einer Lösung zu gelangen.

Die Means-Ends-Analyse arbeitet rückwärtsgesteuert: Das Ziel -
oder die bereits erzeugten Subziele - wird mit der aktuellen
Situation verglichen, um eine Differenz festzustellen. Mit Hilfe
dieser Differenz wird jener Operator gesucht, der für eine
Verringerung der Differenz am relevantesten ist. Ein weiteres
Beispiel stellt das Problemlösungsprogramm STRIPS dar, das im
Beitrag W.Horn - Methoden der AI, Seite 36f - erläutert wird.

Als Kontrollstrategien werden häufig Baumstrukturen angewandt, die
den Vorteil der Anschaulichkeit bieten. Zwei seien hier erwähnt:

- Bei der 'State Space Representation' entsteht ein Baum, der die
  Menge der Problemzustände, die durch Operatoranwendungen
  entstehen, charakterisiert. Aus einem Anfangsproblem entstehen
  durch Operatoranwendungen Nachfolgeknoten und Endzustände (z.B.
  MINIMAX-Suchbaum bei Spielen, Operatoren entsprechen gültigen
  Zügen).

- UND/ODER-Graphen beantworten die Frage, welche Kombination von
  Teilzielen für das Ziel hinreichend sind. Mit UND-Knoten verbundene Teilziele müssen gemeinsam erfüllt werden. ODER-Knoten
  verbinden Teilziele, bei denen die Erfüllung eines Teilzieles
  ausreichend ist. Die entsprechende Verbindung von UND- mit
  ODER-Knoten ergibt einen UND/ODER-Baum.

Ein Problem lösen bedeutet also, mit Hilfe von Anwendungen
verfügbarer Operatoren einen Zustand zu erzeugen, der die
Zielbedingung erfüllt, oder, Fakten in der Wissensbasis zu finden,
die das Ziel bestätigen. Die Lösung stellen entweder der Weg
selbst oder die Endzustände dar. Das Suchproblem besteht darin,
aus dem impliziten Graphen, der den gesamten potentiellen
Zustandsraum beschreibt (z.B. Knoten für einen jeden Zustand, der
beschrieben werden kann), über den explizit erzeugten Suchgraphen
ökonomisch zur Lösung zu gelangen.

Die Inferenzkomponente ist meist **mustergesteuert**. Das bedeutet,
daß an die Stelle der bei nicht-AI Programmen üblichen
Kontrollstruktur (=Aufrufstruktur) die Zuordnung von Mustern zu
Prozeduren tritt.   An Kontrollpunkten werden alle Muster mit der
aktuellen Situation (oder der Zielsituation) verglichen.
Zutreffende Muster bewirken die Ausführung der assoziierten
Prozeduren. Trifft mehr als ein Muster zu, so wird meist eine
Planungskomponente aktiv, die versucht, den vielversprechendsten
Weg - jenen der mit dem geringsten Ressourceneinsatz zum Ziel
führt - auszuwählen.

Das Expertensystem benutzt heuristische Methoden, um den Bereich,
in dem die Antwort auf eine Benutzerfrage (=Lösung) liegt, zu
finden. Eine bei Produktionssystemen übliche Methode ist das
Generieren-und-Testen. Ein Generator erzeugt zunächst (alle)
möglichen Lösungen durch Anwendung (aller) zutreffenden Regeln.
Im folgenden Schritt werden die optimalen Kandidaten für die
angegebenen Einschränkungen gesucht und ausgeführt.   Eine
frühzeitige Einschränkung ist insbesondere bei größeren Wissensbasen für die Performanz entscheidend.

Ein Beispiel ist eine logische Schlußregel, die zu einer
bestimmten Kapitalanlageform führt (siehe Bild 4.2.2.1).   Die
Testverfahren können einfach ('Ist das Grundkapital größer als ein
bestimmter Grenzwert?') sein, aber auch weiteres Problemlösen
('Ist die Antwort interessant?') erfordern.

```
REGEL027
     Falls (1) es eine Langzeitinvestition ist, und
           (2) der erwünschte Ertrag grösser als 10%, und
           (3) das Gebiet der Investition unbestimmt ist,
     dann besteht Evidenz für eine Investition in XY
           mit einer Sicherheit von .4
```

Bild 4.2.2.1: Schlußregel der Wissensbasis 'Aktienanlagen'
(nach Davis R.,1978)

Die Prämisse der Regel enthält nur logisch mit UND verknüpfte
Voraussetzungen. ODER-Beziehungen werden durch multiple Regeln
dargestellt. Der Regelinterpreter erzeugt - im Falle des
backward-chaining - ausgehend vom Ziel (dem Schluß) alle
Prämissen, die erfüllt werden müssen.

Im Aktionsteil der Regel wird in vielen Fällen eine Wahrscheinlichkeit oder ein subjektiver Sicherheitsfaktor festgelegt,
der angibt, wie 'sicher' der Schluß dem Experten scheint
(z.B. -1 = sicher falsch, 0 = unbekannt, .4 = möglicherweise
richtig etc.). Diese Faktoren können die Reihenfolge der
Regelinterpretation festlegen und auch als Abbruchkriterium für
die Problemlösungskomponente dienen, das heißt, falls der aus der
Schlußkette sich ergebende Sicherheitsfaktor einen vorgegebenen
oder laufend berechneten Schwellwert überschreitet, wird dem
Benutzer das aktuelle Ergebnis bekanntgegeben.

Ein weiterer Grundsatz ist, daß die Inference Engine und damit das
Problemlösungs-Paradigma des Programms als gültig postuliert wird.
Daher liegen Fehler des ganzen Systems ausschließlich in der
Struktur und den Daten der Wissensbasis, in der die Ursache einer
falschen Antwort eines WBS zu suchen ist. Die 'Reparatur' erfolgt
durch Untersuchung der Schlußkette - hier zeigt sich der Vorteil
einer Erklärungskomponente - und einer entsprechenden Änderung in
der Wissensbasis.

4.2.3 Erklärungskomponente

Neben der Problemlösungskomponente und der Wissensbasis ist die **Erklärungskomponente** ein wesentlicher Teil des Expertensystems. Spezialisten des Fachgebietes müssen in der Lage sein, den Schlußfolgerungen des Computerprogramms zu folgen und somit den Weg, wie eine Lösung zustande kam, überprüfen und damit akzeptieren oder zurückweisen zu können. Die Erklärungskomponente sollte in jedem Expertensystem vorhanden sein (dazu siehe Feigenbaum, 1982).

Die Antwort auf Warum- oder Warum-Nicht-Fragen, das heißt, die Erklärung von Schlußfolgerungen, sollte möglichst verständlich und daher in Zukunft auch in natürlicher Sprache über die Dialogkomponente erfolgen. Die Erklärungskomponente erfordert die Fähigkeit, Inferenzen über Inferenzen ziehen zu können. Für diesen Prozeß nutzen regelorientierte Systeme ihre uniforme Struktur.

Die Erklärung des Verhaltens ist für Entwicklung (Prototyping), Test, Evaluierung und Anwendung gleichermaßen bedeutend. So können Fehler in der Programmlogik und der Wissensbasis lokalisiert und beseitigt werden. Die Erklärungskomponente ist zentral für die Aufnahme von neuem Wissen, womit nicht nur Fakten, sondern beispielsweise auch Schlußregeln und neues Metawissen gemeint sind.

4.2.4 Wissenserwerbskomponente

Jeder, der schon einmal gezwungen war, in einem fremden Programm - das heißt, in unbekanntem prozeduralem oder deklarativem Wissen - eine Änderung vorzunehmen, weiß, wie aufwendig und schwierig diese Aufgabe sein kann. So kann eine Änderung, die einen Fehler behebt, durch Nebeneffekte mehr als einen neuen erzeugen. Dieses Problem existiert sowohl bei Code als auch bei Daten. Für eine Änderung muß der Programmierer ein Summe von Informationen sammeln (Struktur des Datentyps, Beziehung zu anderen Datentypen des Systems...). Wie findet er diese Information? Typischerweise -

wenn überhaupt - informell aus einer Reihe von Quellen (Kommentar im Code, Dokumentation, Manuals, persönliches Wissen des Systemmanagers etc.).   Ist er mit dem System nicht vertraut, wird die Änderung undurchführbar. Dieses Problem stellt sich bei WBS in der Frage des Wissenserwerbs.

Um Information in ein WBS zu integrieren, kann dem System ein 'Eigenwissen' über seine Repräsentation gegeben werden. Dies bedeutet einfach ausgedrückt: eine explizite Beschreibung jeden Datentyps (Strukturen, Relationen), wird in eine formale Sprache umgesetzt und mit Hilfe eines Interpreters dem System wieder zur Verfügung gestellt.

Für Expertensysteme kommt die Aufgabe hinzu, wie das Wissen eines (vieler) Experten formalisiert werden kann. Weiters sind Experten eines Gebietes meist keine Programmierer und so muß ihnen ein 'Mittler' zur Seite gestellt werden. Diese Aufgabe fällt der Wissenserwerbskomponente und dem Knowledge Engineer in Zusammenarbeit mit dem Bereichsexperten zu. Es wäre also ein Fortschritt, wenn der Aufbau und die Wartung des Systems vom Experten selbst vorgenommen werden könnte. Damit verbunden ist auch das Ziel der Dialogkomponente, ein interaktives 'Gespräch' auf einer Ebene, die vom Implementierungsniveau möglichst weit entfernt ist, zu führen.

4.2.5 Dialogkomponente

Die Dialogkomponente muß sich nach den Erfordernissen des Endbenutzers richten. Voraussetzung jedes intelligenten Dialoges ist ein Modell der Interaktion mit dem Benutzer. Für das Expertensystem MYCIN und die Wissenserwerbskomponente TEIRESIAS ist es das Lehrer (Experte) - Schüler (Computer) Verhältnis (siehe Davis, 1978).

Die Benutzerfreundlichkeit stellt ein Kriterium der Dialogkomponente dar. Eine Möglichkeit, eine allgemeine Verwendbarkeit zu erreichen, stellt die Kommunikation in natürlicher Sprache dar. Dies ist der Berührungspunkt zwischen dem Fachgebiet "Expertensysteme" und "Natürlichsprachige Systeme", die im 6. Abschnitt erörtert werden.

Durch die häufig gegebene Eindeutigkeit der Spezialistensprache und dem Anwendungsbereich findet die Dialogkomponente in der Entwicklungsphase eines WBS mit einfachen Methoden (z.B. Suche nach Schlüsselwörtern) das Auslangen.

4.3 Anwendungsbereiche von Expertensystemen

Im folgenden sind einige erfolgreiche WBS dargestellt, die Expertenperformanz auf dem Gebiet der Dateninterpretation, Planung, Diagnose, Monitoring und Design erreichen (siehe auch Brachman et al., 1982; Waterman, 1986). Alle gegenwärtigen Expertensysteme zu beschreiben würde den Rahmen dieser Arbeit sprengen. Einen Überblick über Systeme und verfügbare Literatur gibt Horn (1983), über Methoden berichtet Raulefs (1982). Von besonderem Interesse ist das Konzept des Metasystems für die Wissensaufnahme (z.B. Regeln, die Regeln regeln) und die Weiterentwicklung der Methoden zu Softwarewerkzeugen für den Knowledge Engineer, die im folgenden erwähnt sind. Die Gliederung der Anwendungsbereiche richtet sich nach dem Schwerpunkten der Entwicklung in den 70er Jahren. In jüngster Zeit treten die Anwendungsbereiche "Design elektronischer Bauteile und Komponenten", "Planungssysteme", "Lösung von Schnittstellenproblemen" und "Test- und Wartungsunterstützung" in den Vordergrund.

4.3.1 <u>Medizin</u>

Grundlegende Methoden wurden in diesem Anwendungsbereich entwickelt, der einen der Schwerpunkte der Expertensystementwicklung in den 70er Jahren darstellt.

MYCIN stellt das wohl bekannteste Produktionssystem dar. Sein Ziel ist die **Diagnose** bakterieller Infektionskrankheiten und davon ausgehend, **Therapie**vorschläge zu unterbreiten (Shortliffe et.al., 1975; Shortliffe, 1976), angeblich mit 90% Erfolg, wobei Erfolg Übereinstimmung mit Spezialisten bedeutet. Das Konsultationssystem MYCIN umfaßt etwa 5oo Regeln und etwa ebenso viele klinischer Parameter. Die Regeln werden via backward-chaining abgearbeitet, das heißt, ausgehend von Diagnosen werden in einer vollständigen depth-first Suche Situationen gesucht, die die Hypothesen stützen oder verwerfen. Aus dieser Form des Schließens ergibt sich, daß MYCIN effizient bei beschränkter Komplexität der Regeln ist. An die Stelle von Wahrscheinlichkeiten tritt ein Sicherheitsfaktor im Intervall (-1,1), wobei -1 für sicher falsch und 1 für sicher wahr verwendet wird. Das Minimum von Sicherheitsfaktoren entspricht dem logischen UND, das Maximum dem ODER. Für gültige Inferenzketten ergab sich empirisch ein Schwellenwert von .2. Die Wissenserweiterung erfolgt durch das Einfügen neuer Regeln.

TEIRESIAS dient als Metasystem und **Wissenserwerbssystem** für MYCIN. Falls der Experte mit dem Ergebnis von MYCIN nicht übereinstimmt, kann er die Ursache suchen und bei Bedarf Regeln hinzufügen oder modifizieren, ohne einen Computerspezialisten zu benötigen. TEIRESIAS verfügt über eine Erklärungskomponente und erlaubt einen interaktiven Wissenserwerb in einem angenähert natürlichsprachigen Dialog (siehe Davis, 1978; Davis, 1982).

PUFF (PUlmonary Function) **interpretiert Daten** von Lungenfunktionstests auf Expertenniveau. PUFF wurde mit Hilfe von EMYCIN am Großrechner in INTERLISP entwickelt und steht in einer BASIC-Version auf einer PDP-11 im klinischen Einsatz (Aikins, 1983). Als Eingabe dienen Patientendaten (Alter, Geschlecht, Gewicht, Zigarettenpaketjahre) und die Ergebnisse medi-

zinischer Tests. PUFF bestimmt daraus folgende Faktoren: Erkrankung der Lunge - Erkrankung der Luftwege; Schwere der Erkrankung
und wahrscheinliche Krankheitstypen. 107 Fälle ergaben beim
Aufbau 64 Regeln und 59 klinische Parameter. Bei 144 Testfällen
wurde eine Übereinstimmung von 89% bis 96% beobachtet. Der
Vorteil der Verwendung von EMYCIN war eine kurze Aufbauzeit von
nur 10 Wochen (siehe Feigenbaum, 1982; Osborn et al., 1979).

1970 begann die Arbeit an **CADUCEUS** (ältere Bezeichnung:
INTERNIST), das die Unterstützung des Experten bei der **Diagnose** im
Bereich der internen Medizin bezweckt. Die Wissensbasis bildet
ein Semantisches Netz, bestehend aus zwei Arten medizinischer
Konzepte (Krankheiten und Manifestationen), die über sym-
ptomatische Assoziationen verbunden sind. Diese Wissensbasis
umfaßt etwa 85% des Wissens der internen Medizin und stellt damit
gegenwärtig auch die größte Wissensbasis eines Expertensystems
dar. CADUCEUS kombiniert bottom-up und top-down Ansatz: Patientendaten erzeugen Hypothesen über Krankheiten, die für die Prognose weiterer Manifestationen und die Auswahl von Fragen an den
Benutzer herangezogen werden (Miller et al., 1982; Pople, 1982).

CASNET (Beginn 1971) verfügt über Expertise auf dem Gebiet der
Diagnose, Behandlung und **Prognose** des Glaukoms, einer dege-
nerativen Augenerkrankung (siehe Weiss et.al., 1977, 1978) und
steht über ein Computernetzwerk in den USA und Japan zur
Verfügung. Das Wissen von CASNET ist in drei Ebenen organisiert:
Krankheitskategorien sind über Klassifikationsbeziehungen mit
einem kausalen Netz verbunden, dessen Knoten pathophysiologische
Zustände darstellen, denen in der 3.Ebene Beobachtungen und Tests
assoziativ zugeordnet sind. Der Inferenzprozeß bewertet die
Knoten. Das Wissen und der Inferenzprozeß von CASNET sind im
Programm codiert, die Aufnahme von neuem Wissen erfordert also
eine Änderung des zugrunde liegenden Modells.

4.3.2 Elektronik

Der Schwerpunkt der Anwendungen in der Elektronik liegt im Bereich der Fehlererkennung und Designunterstützung.

ACE (Automated Cable Expertise) dient der Fehlersuche und vorbeugenden Wartung der Verkabelung eines Telefonnetzes. ACE bearbeitet im Stapelbetrieb hunderte tagsüber in einer Datenbank eingelangte Fehlerberichte. Bei Bedarf kann ACE über das Reportsystem weitere Information anfordern. ACE entscheidet in etwa 1 CPU-Stunde, welche Elemente des Telefonnetzes getauscht oder repariert werden sollten und stellt seine Entscheidungen dem Experten zur Verfügung.

Die Inferenzkomponente arbeitet vorwärtsgesteuert und regelbasiert. Implementiert wurde ACE in OPS4 und FranzLISP auf einem VAX-Rechner unter dem Betriebssystem UNIX - Mail und UUCP wird zur Kommunikation mit entfernten Anwendern genutzt - entwickelt und getestet (Vesonder, 1983). Das System wird auf AT&T-Rechner übertragen (Waterman, 1986, Seite 216).

Weitere Beispiele sind EURISKO (3 dimensionales Design) und SOPHIE, das Fehlerdiagnose in elektrischen Schaltungen unterrichtet (siehe auch Waterman, 1986, Seite 43).

4.3.3 Chemie

DENDRAL ist eines der ersten Expertensysteme, seine Entwicklung begann 1965 und es steht gegenwärtig über TYMNET (ein internationales Computernetzwerk) zur allgemeinen Verfügung. Sein Ziel ist die **Interpretation** und **Analyse** der Molekularstruktur von Fragmenten organischer Moleküle. Ausgehend von Daten aus Massen- und NMR-Spektrometer sowie vorgegebener struktureller Kon- figurationen und Randbedingungen durch den Benutzer macht das System Vorschläge für den Aufbau der chemischen Struktur unbekannter Komponenten der Moleküle (Buchanan, Mitchell, 1978; Feigenbaum et.al., 1981). Der Generator CONGEN erzeugt plausible topologisch mögliche Molekularstrukturen und wählt geeignete

Erklärungen aus.   Als Kontrollstruktur werden UND/ODER-Graphen
eingesetzt. Die Erweiterung des Wissens erfolgt durch neue
Programmierung. Der Erfolg von DENDRAL beruht auf der Vollständigkeit des Generators - es werden keine Strukturen
'vergessen' - und einem frühzeitigen und damit effizienten
Ausschluß unplausibler Strukturen.

Meta-DENDRAL generiert Hypothesen für DENDRAL durch eine
automatisierte Aufnahme von Wissen aus einem Massen- und
NMR-Spektrometer (siehe Davis, Buchanan, 1977) und ermöglicht
dadurch frühzeitig Einschränkungen für das Generieren-und-Testen.

MOLGEN ist ein Produktionssystem, das Genetikern bei der **Planung**
von Laborexperimenten zur Analyse von Teilstrukturen der DNA
assistiert, indem es eine Reihenfolge für Experimente vorschlägt
(siehe Stefik, 1978;   Stefik, 1981).   Interagierende Subprobleme
werden in MOLGEN durch Definition von Bedingungen und
Fortschreiben dieser Bedingungen dargestellt.

4.3.4 <u>Geologie</u>

PROSPECTOR interpretiert Beobachtungen über Gesteinsformationen
rekursiv durch Rückwärtsschließen (Duda et   al., 1979).   Als
Wissensbasis dient ein Semantisches Netz, dessen Knoten Daten und
dessen Kanten Produktionsregeln oder Kontextverbindungen zu
weiteren Daten darstellen. Die Plausibilität eines Schlusses wird
mit Sicherheitsfaktoren angegeben, die im Gegensatz zu MYCIN in
explizite Wahrscheinlichkeiten umgerechnet und als solche
verwendet werden. PROSPECTOR soll bereits eine Molybden-
lagerstätte im Wert von über 100 Mio. Dollar entdeckt haben.

4.3.5 Sprachverstehen

HEARSAY-I und **HEARSAY-II** verstehen gesprochene Sprache (Englisch) in begrenztem Ausmaß. HEARSAY-I ist auf die Befehle zur Durchführung eines Schachspiels begrenzt, HEARSAY-II verfügt über einen Wortschatz von ca. 1000 Begriffen und ermöglicht Datenbankzugriffe (siehe Lesser et.al., 1977). In HEARSAY-II werden die Interaktionen verschiedener Wissensbasen über eine globale Datenstruktur, das sogenannte 'Blackboard', zusammengefaßt und so die Hypothesenbildung auf unterschiedlichen Ebenen (z.B. Silben, Worte, Wortfolgen...) ermöglicht und koordiniert. Der Inferenzmechanismus ist mustergesteuert, das heißt, daß im Gegensatz zu einer Aufrufhierarchie in einer Programmiersprache jede Aktivierung eines Moduls unabhängig von der letzten Aktivierung erfolgt. Jeder Modul sucht bestimmte Muster am Blackboard und modifiziert Daten sowie Kontrollinformation am Blackboard.

4.3.6 Mathematik

Im Bereich der Mathematik wurde **MACSYMA** für mathematische Probleme am MIT (Massachusetts Institute of Technology) entwickelt. MACSYMA löst symbolisch Gleichungen, differenziert, integriert und führt Operationen der Vektoralgebra durch (Moses, 1975). Mit Hilfe von Regeln wird das Problem der Vereinfachung mathematischer Ausdrucke gelöst, wobei jede Regel einer Transformation entspricht. MACSYMA steht in den USA an einem eigenen Rechner zur Verfügung. Etwa 45 Mannjahre werden als Aufwand für die Systementwicklung geschätzt. MACSYMA gilt als leistungsfähig. Die Bezeichnung als Expertensystem ist umstritten, da die Stärke des Systems in den entwickelten Algorithmen liegt.

4.3.7 <u>Design, Planung</u>

Mit Hilfe der Produktionssystemsprache OPS5 wurde **R1** entwickelt
(McDermott, 1982). Ausgehend von einer Kundenbestellung **plant** das
Produktionssystem R1 (auch als **XCON** - eXpert CONfigurer -
bezeichnet) die Konfiguration eines VAX-Computersystems. Dabei
stellt R1 fehlende Komponenten fest und gibt in Diagrammen die
räumliche Beziehung der Komponenten des Computersystems an. Die
Wissensbasis verfügt über mehr als 800 Regeln und eine Datenbank,
die Eigenschaften der Computerkomponenten beschreibt. Die Inferenzkomponente führt kein Backtracking durch, das heißt, R1 muß
in jedem Zustand feststellen können, welcher der möglichen
Folgezustände zur Lösung führt.

Zur Unterstützung von XCON wurde **XSEL** entwickelt, das den Dialog
über Kundenwünsche führt und an XCON die Komponentenbestellung mit
den kundenspezifischen Einschränkungen als Eingabedaten übergibt.
XCON konfiguriert hierauf das System.

4.3.8 <u>Militärische Anwendungen</u>

Eine der wenigen bekannten Anwendungen von WBS im militärischen
Bereich ist **SU/X.** Dieses Produktionssystem soll Identität, Ort
und Geschwindigkeit physikalischer Objekte im Raum über lange
Zeiträume feststellen. SU/X liefert als Ausgabe ausgehend von
historischen Informationen die laufend 'beste' Hypothese über den
Aufenthaltsort eines Objektes (z.B. U-Boot).

Gegenwärtig ist in den USA die staatliche Organisation DARPA
(Defense Advanced Research Projects Agency) einer der Geldgeber
der Entwicklung (300 Mio. US-Dollar für 10 Jahre), wobei primär
Systeme in drei Bereichen in Auftrag sind: Pilot's Assistant, ein
selbständiges Roboterfahrzeug und automatische Gefechtssteuerungs-
systeme. Planungssysteme werden als "Battle Management Aids"
eingesetzt.

4.4 Softwareunterstützung des Knowledge Engineering

Zur Entwicklung wissensbasierter Systeme werden zunehmend
Entwicklungswerkzeuge ("Expertensystem-Shell") angeboten. Hier
seien als Beispiele nur einige der bekanntesten erwähnt: KEE
(Knowledge Engineering Environment) von Intellicorp, ART
(Automated Reasoning Tool) von Inference Corporation, LOOPS von
Xerox, M1/S1 von Teknowledge und VIE-PCX des Austrian Research
Institute for Artificial Intelligence. Diese Werkzeuge basieren
auf den klassischen AI-Sprachen LISP (vorzugsweise CommonLISP) und
PROLOG, aber mitunter auch auf traditionellen Computersprachen
(z.B. C, PASCAL). Die erforderliche hohe Rechnerleistung und
grafische Benutzeroberfläche können nur Arbeitsplatzrechner oder
spezielle LISP-Maschinen bieten. Waterman (1986) bietet einen
Überblick, während Gilmore et. al. (1986) einen Vergleich verschiedener Werkzeuge vorstellt.

Retti (1985) zeigt eine Zusammenstellung der Hardwareumgebungen
für AI, die in der Leistungsbandbreite vom Personal Computer bis
zur LISP-Maschine reicht. Personal Computer bieten einen
preiswerten Einstieg und ermöglichen, Methoden kennenzulernen.
Zur Entwicklung auf Mainframes ist zu sagen, daß AI-Programme
aufgrund ihrer Struktur meist die Speicherhierarchie Cache-Haupt-
speicher(-Platte, bei großen Programmen) nicht nutzen können und
da sie darüberhinaus CPU-intensiv sind, in einer Mehr-
benutzerumgebung entsprechend die verfügbaren Ressourcen belasten.
Abhilfe schaffen Arbeitsplatzrechner (typisch 4 MByte
Hauptspeicher, 70 MByte Plattenkapazität, Bit-Mapped Grafik-
oberfläche, Maus als Eingabemedium, fortgeschrittene
Fenstertechnik; Hersteller SUN Microsystems, Apollo, HP, XEROX,
Siemens, IBM u.v.a) die entweder allgemein (z.B. unter dem
Betriebssystem UNIX) verwendbar und mit AI-Software ausgerüstet
sind oder aber spezielle AI-Rechner (Hersteller: Symbolics, LMI,
Texas Instruments), die zusätzlich typisch durch eine tagged
Rechnerarchitektur gekennzeichnet sind. Die Möglichkeit,
generische Operationen auszuführen (z.B. ein Multiplikations-
befehl ohne Rücksicht auf die verwendeten Datentypen) wird dabei
von der Software in die Hardware (Microcode) verlagert und damit
eine entsprechende Performanzsteigerung erreicht. Der aktuelle

Trend scheint zu Arbeitsplatzrechnern mit Standardbetriebssystemen (UNIX) zu gehen, soferne nicht die Perfomanz der LISP-Maschinen zur Problemlösung erforderlich ist. Eine Vernetzung der distribuierten Systeme erleichtert die Entwicklung. Sie erfolgt beispielsweise bei SUN-Rechnern über Ethernet und das Netzwerk Filesystem NFS.

Die Paradigmen der Werkzeuge wurden im Rahmen der frühen Expertensysteme entwickelt, wobei ausgehend von der Entwicklung spezieller WBS wurde die zugrunde liegende Methode abstrahiert und in Systemen realisiert wurde, die den Prozeß des Knowledge Engineering durch Mechanismen zum Aufbau von Expertensystemen und rasche Erstellung von Prototypen unterstützen (siehe Waterman, Hayes-Roth, 1982). Im folgenden sind einige dieser bereits klassischen Systeme kurz erwähnt.

EMYCIN stellt eine domänenunabhängige Version des MYCIN-Systems dar (van Melle, 1979). Produktionsregeln realisieren problemspezifisches Wissen, der Inferenzprozeß ist rückwärts gesteuert. Das Anwendungsgebiet von EMYCIN liegt bei Interpretationsmodellen für Daten, so wurde beispielsweise die Entwicklung von PUFF mit EMYCIN durchgeführt.

CASNET führte zur Entwicklung von **EXPERT** (Weiss, Kulikowski, 1979), das für Konsultationsmodelle bei Klassifikationsproblemen (z.B. Diagnose in der Augenheilkunde, Rheumatologie) eingesetzt wird. EXPERT verwendet als Primitiva Fakten (logisch, numerisch), Hypothesen (Schlüsse, die das Modell ziehen kann) und Entscheidungsregeln, die die logische Beziehung zwischen Fakten, Fakten und Hypothesen sowie zwischen Hypothesen definieren. Falls mehr als eine Regel angewandt werden kann, wird immer nur jene mit der höchsten Konfidenz ausgewertet (ähnlich dem Sicherheitsfaktor).

OPS5 ist eine Produktionssystemsprache, deren erfolgreichste Anwendung R1 darstellt. Die Regeln sind datengesteuert, wobei Datenelemente Vektoren oder Objekte mit Attribut-Wert Paaren darstellen (siehe Forgy, McDermott, 1977).

HEARSAY-III bietet einen Rahmen für WBS, die multiple kooperierende Subsysteme und Problemlösung auf verschiedenen Abstraktionsebenen erfordern (siehe Balzer et al., 1980; Erman et al., 1981). Das Konzept des Blackboard, einer globalen Datenstruktur, die Informationen, Teillösungen und aktuelle Aktivitäten beschreibt, ist verbunden mit einer 'opportunistischen' Planungskomponente, die aus den Prozeduren, deren Muster jeweils zutrifft, geeignete Kandidaten auswählt.

4.5 Ausblick: Knowledge Engineer, ein Spezialist der Zukunft?

Zusammenfassend kann festgestellt werden, daß Expertensysteme ihren Weg aus den AI-Labors gefunden haben und bereits kommerziell erfolgreich eingesetzt werden. Expertensysteme haben Expertenperformanz auf dem Gebiet der Interpretation von Daten, Diagnose von Fehlern in biologischen und technischen Systemen, Planung, Beweisen mathematischer Sätze und Konstruktion von VLSI-Schaltkreisen erreicht und werden ständig weiterentwickelt. Kritisch muß jedoch bemerkt werden, daß nur wenige Systeme im Produktionsbetrieb verwendet werden, diese aber umso erfolgreicher sind (z.B. XCON, ACE, DENDRAL).

Die Wissensbasis ist entscheidend für die Funktion eines WBS. Sie muß in der Lage sein, neben Fakten heuristisches, experimentelles, unsicheres und 'gut erratenes' Wissen strukturiert aufzunehmen. Wesentliche Forderungen dabei sind die Aufrechterhaltung von Transparenz und Konsistenz unter Berücksichtigung der Performanz sowie die Möglichkeit, interaktiv Wissen zu erwerben. Die Realisierung dieser Forderungen ist Aufgabe des Knowledge Engineer.

Die Problemlösungskomponente soll Schlüsse reproduzierbar und rückverfolgbar wiedergeben. Aufgrund der einheitlichen Darstellung bauen viele Expertensysteme auf Produktionssystemen auf, die den Vorteil der einfachen und auch einsehbaren Form von Regelfolgen bieten. Dieser Ansatz zur uniformen Wissensrepräsentation wird problematisch, falls Wissen unterschiedlicher Abstraktionsebenen zugleich genutzt werden soll. Hier kommen mustergesteuerte Inferenzsysteme zum Einsatz. Weiters soll die Problemlösungskomponente in vertretbarer Zeit - wie ein Experte auch - antworten. Dies bedeutet, daß in der Mehrzahl der Fälle aufgrund der kombinatorischen Explosion der Möglichkeiten nicht alle möglichen Schlüsse gezogen werden können und heuristische Methoden angewandt werden müssen, um mit vertretbarem Aufwand Inferenzen zu ziehen.

Viele Fragen sind ungelöst und offen. So liegt ein offensichtlicher Nachteil der gegenwärtigen Realisierungen von Expertensystemen in ihrer eher beschränkten Wissensbasis und ihrer begrenzten Anwendbarkeit. Umstritten ist auch die Trennbarkeit des Wissens in Wissensbasis und Inference Engine, deren 'richtiges Verhalten' postuliert wird. Die Dialogkomponente verfügt oft nur über eine eingeschränkte Kommunikationsfähigkeit. Ein weiterer Kritikpunkt ist, daß häufig sehr wenige oder gar nur ein Experte als Informationsquelle beim Aufbau eines WBS zur Verfügung stehen.

Die steigende Leistungsfähigkeit der Hardware, die Verfügbarkeit von Werkzeugen, die unterschiedliche Ansätze realisieren, und auch die Normungsansätze bezogen auf AI-Sprachen (CommonLISP, PROLOG) lassen auf dem Gebiet der WBS in naher Zukunft große Fortschritte erwarten. Nicht zuletzt ist aufgrund der angebotenen Ausbildungsmöglichkeit an den Universitäten auf dem Gebiet der AI mit einer Diffusion der Methoden in die Computerwissenschaften zu rechnen.

Weiterführende Literatur

Der interessierte Leser sei auf 'Building Expert Systems' von F.Hayes-Roth et.al. (1982), 'Pattern Directed Inference Systems' von D.A.Waterman und F.Hayes-Roth (1978) und 'Knowledge-Based Systems in Artificial Intelligence' von R.Davis und L.Lenat (1982) verwiesen. Eine sehr gute Zusammenstellung von realisierten Systemen, Terminologie und Werkzeugen bietet Waterman (1986). Auch die Aprilnummer von Byte (1985) bietet wertvolle Hinweise, während sich die Sondernummer der "Communication of the ACM", Vol.28 No.9 (September 1985) ausführlich mit Architekturen wissensbasierter Systeme auseinandersetzt.

Literatur

Aikins J.S., Kunz J.C., Shortliffe E.H.: PUFF - An expert system
   for interpretation of pulmonary-function data, Computers and
   Biomedical Research, 16(3)199-208; 1983.

Artificial Intelligence in the Heuristic Programming Project,
   AAAI, The AI Magazine, 4(3)81-92, 1983.

Balzer R., Erman L., London P., Williams Ch.:   HEARSAY-III: A
   Domain-Independent Framework for Expert System, in Proceedings
   of the First Annual National Conference on Artificial
   Intelligence, AAAI, Stanford University, pp.108-110; 1980.

Barr A., Feigenbaum E.A.(eds.):   The Handbook of Artificial
   Intelligence, Vol.1, William Kaufmann, Los Altos, Cal.; 1981.

Barr A., Feigenbaum E.A.(eds.):   The Handbook of Artificial
   Intelligence, Vol.2, William Kaufmann, Los Altos, Cal.; 1982.

Brachman R.J., Amarel S., Engelman C., Engelmore R.S., Feigenbaum
   E.A., Wilkins D.E.: What are Expert Systems?, in Hayes-Roth F.,
   et al.(eds.), Building Expert Systems, Addison-Wesley, Reading,
   Mass.; 1982.

Buchanan B.G., Mitchell T.M.:   Model-Directed Learning of
   Production Rules, in Waterman D.A., Hayes-Roth F.(eds.),
   Pattern-Directed Inference Systems, Academic Press, New York;
   1978.

Davis R., Buchanan B.G.:   Meta-Level Knowledge: Overview and
   Applications, in Proceedings of the 5th International Joint
   Conference on Artificial Intelligence, MIT, Cambridge, USA;
   1977.

Davis R.: Knowledge Acquisition in Rule-Based Systems - Knowledge
   about Representations as a Basis for System Construction and
   Maintenance, in Waterman D.A., Hayes-Roth F.(eds.),
   Pattern-Directed Inference Systems, Academic Press, New York;
   1978.

Davis R.: Consultation, Knowledge Acquisition, and Instruction:
   A Case Study, in Szolovits P.(ed.), Artificial Intelligence in
   Medicine, Westview Press, Boulder, Colorado; 1982.

Davis R., Lenat D.B.:   Knowledge-Based Systems in Artificial
   Intelligence, McGraw-Hill, New York; 1982.

Duda R., Gaschnig J., Hart P.: Model Design in the Prospector
   Consultant System for Mineral Exploration, in Michie D.(ed.),
   Expert Systems in the Micro Electronic Age, Edinburgh
   Univ.Press, Edinburgh; 1979.

Erman L., London P., Fickas St.: The Design and an Example Use of
   Hearsay-III, in Proceedings of the 7th International Joint
   Conference on Artificial Intelligence, Univ.British Columbia,
   Vancouver, Canada; 1981.

Feigenbaum E.A.:   The Art of Artificial Intelligence: Themes and
   Case Studies of Knowledge Engineering, in Michie D.(ed.), Expert
   Systems in the Micro Electronic Age, Edinburgh Univ.Press,
   Edinburgh;   1982.

Feigenbaum E.A., Buchanan B.G., Lederberg J.: On Generality and
   Problem Solving: a Case Study Using the DENDRAL Program, in
   Meltzer B., Michie D.(eds.), Machine Intelligence 6, Edinburgh
   University Press, pp.165-190;   1981.

Forgy C., McDermott J.:   OPS, A Domain-Independent Production
   System Language, in Proceedings of the 5th International Joint
   Conference on Artificial Intelligence, MIT, Cambridge, USA;
   1977.

Freiherr G.:   The Seeds of Artificial Intelligence, SUMEX-AIM,
   National Institutes of Health, Bethseda, Maryland, Report
   No.80-2071;   1980.

Gilmore J.F., Howard Ch., Pulaski K.: A Comprehensive Evaluation
   of Expert System Tools, SPIE Vol. 657, Application of
   Artificial Intelligence IV;   1986.

Hayes-Roth F., Waterman D., Lenat D.(eds.):   Building Expert
   Systems, Addison-Wesley, Reading, Mass.;   1982.

Horn W.:   Expertensysteme: Funktionen und Systeme - Ein
   Überblick,   Bericht 83-01, Inst.f.Med.Kybernetik, Univ.Wien;
   1983.

Lesser V.R., Erman L.D.: A Retrospective View of the Hearsay-II
   Architecture, in Proceedings of the 5th International Joint
   Conference on Artificial Intelligence, MIT, Cambridge, USA,
   pp.790-800;   1977.

McDermott J.:   R1: A Rule-Based Configurer of Computer Systems,
   Artificial Intelligence, 19(1)39-88;   1982.

Van Melle W.: A Domain-Independent Production-Rule System for
   Consultation Programs, in Proceedings of the 6th International
   Joint Conference on Artificial Intelligence, Tokyo, Japan,
   pp.923-925;   1979.

Miller R.A., Pople H.E., Myers J.D.: INTERNIST-I, an Experimental
   Computer-Based Diagnostic Consultant for General Internal
   Medicine, N.Eng.J.Med., 307(8)468-476;   1982.

Moses J.:   A MACSYMA Primer, Mathlab Memo No.2, Computer Science
   Laboratory, MIT, 1975.

Nii H.P., Feigenbaum E.A.: Rule-Based Understanding of Signals,
   in Waterman D.A., Hayes-Roth F.(eds.),   Pattern-Directed
   Inference Systems, Academic Press, New York;   1978.

Osborn J., Fagan L., Fallat R., McClung D., Mitchell R.: Managing
   Data from Respiratory Measurement, Med. Instrumentation, 13,6;
   1979.

Pople H.E.: Heuristic Methods for Imposing Structure in
   Ill-Structured Problems: The Structuring of Medical
   Diagnostics, in Szolovits P.(ed.), Artificial Intelligence in
   Medicine, Westview Press, Boulder, Colorado; 1982.

Raulefs P.: Methoden der Künstlichen Intelligenz: Übersicht und
   Anwendungen in Expertensystemen, in Nehmer,J.   (ed.)   u.a.:
   GI-12.Jahrestagung, Springer, 1982, Seite 170-187; 1982.

Retti J.: Frameorientierte Wissensrepräsentation für Modell-
   bildung und Simulation, Bericht der Österreichischen
   Studiengesellschaft für Kybernetik, Nr.32; 1984.

Retti J.: Artificial Intelligence Entwicklungsumgebungen, in
   Trost H. und Retti J., Österreichische AI-Tagung 1985,
   Informatik-Fachbericht No. 106, Springer-Verlag; 1985.

Shortliffe E.H., Davis R., Axline S.G., Buchanan B.G., Cordell
   Green C., Cohen S.N.: Computer-Based Consultations in Clinical
   Therapeutics: Explanantion and Rule Acquisition Capabilities of
   the MYCIN System, Comp. Biomed. Res., 8, 303-320; 1975.

Shortliffe E.H.: Computer-Based Medical Consultations: MYCIN,
   Elsevier, New York; 1976.

Stefik M.:   Inferring DNA-Structures from Segmentation Data,
   Artif. Intell., 11,85-114; 1978.

Stefik M.: Planning with Constraints (MOLGEN: Part 1, Part 2),
   Artificial Intelligence, 16(2)111-139 und 141-169; 1981.

Vesonder G.T. et al.: ACE, An Expert System for Telephone Cable
   Maintenance, Proceedings of the Eight International Joint
   Conference on Artificial Intelligence 1983, William Kaufmann,
   1983.

Waterman D.A., Hayes-Roth F.(eds.):   Pattern-Directed Inference
   Systems, Academic Press, New York; 1978.

Waterman D.A., Hayes-Roth F.:   An Investigation of Tools for
   Building Expert Systems, in Hayes-Roth F., et al.(eds.),
   Building Expert Systems, Addison-Wesley, Reading, Mass.; 1982.

Waterman D.A.:   A Guide to Expert Systems, Addison-Wesley
   Publishing Company, Reading, Mass.; 1986.

Weiss S.M., Kulikowski C.A., Safir A.: A Model-Based Consultation
   System for the Long-Term Management of Glaucoma, in Proceedings
   of the 5th International Joint Conference on Artificial
   Intelligence, MIT, Cambridge, USA; 1977.

Weiss S.M., Kulikowski C.A., Amarel S.: A Model-Based Method for
   Computer-Aided Medical Decision-Making, Artificial Intelligence,
   11,145-172; 1978.

Weiss S.M., Kulikowski C.A.: EXPERT: A System for Developing
    Consultation Models, in Proceedings of the 6th International
    Joint Conference on Artificial Intelligence, Tokyo,   Japan;
    1979.

5 Artificial Intelligence und Kognitive Psychologie

Alfred Kobsa

5.1 Motivation

Künstliche-Intelligenz-Forschung (Artificial Intelligence) und Kognitive Psychologie scheinen - außer dem anthropomorphisierenden Beigeschmack der Bezeichnung "Künstliche Intelligenz" - auf den ersten Blick kaum etwas miteinander gemein zu haben. Herkunft, Ziele, Methodologie und Beurteilungskriterien für Ergebnisse der beiden Fachrichtungen sind viel zu unterschiedlich: Auf der einen Seite eine technische Disziplin, hauptsächlich der Informatik entsprungen, damit beschäftigt, eine Maschine mit bestimmten "brauchbaren" Eigenschaften auszustatten, also in einem Zyklus von Problemanalyse und Realisierungsversuchen immer bessere und komplexere Artefakte zu konstruieren. Bewertungsmaßstäbe dabei sind Realisierbarkeit, praktische Verwendbarkeit, Zweckmäßigkeit, Wirtschaftlichkeit, etc.
Auf der anderen Seite eine Disziplin irgendwo im natur-, geistes- oder auch humanwissenschaftlichen Bereich, bemüht, gewisse kognitive Fähigkeiten des Menschen zu untersuchen und zu erklaren. Zu diesem Zweck werden Theorien aufgestellt, die dann an Kriterien wie Bewährtheit zur Explanation und Prognose, Einfachheit, etc. zu messen sind.

Trotz dieser unterschiedlichen Ausgangspositionen hat sich aber etwa seit einem Jahrzehnt zwischen diesen beiden Gebieten eine sehr interessante Zusammenarbeit entwickelt, an der auch Teile der Sprachwissenschaft und der Philosophie beteiligt sind. Ziele, Voraussetzungen und Methoden dieser interdisziplinären Forschung, die sich bedauerlicherweise derzeit hauptsächlich im angelsächsischen Raum abspielt, sollen im vorliegenden Beitrag überblicksmäßig dargestellt werden. Im nächsten Abschnitt wird dabei auf Geschichte und Forschungsschwerpunkte der Künstlichen-Intelligenz-Forschung eingegangen, Abschnitt 3 skizziert Paradigmata und Hauptthemen der Kognitiven Psychologie, Teil 4 untersucht die unterschiedlichen Formen der Zusammenarbeit der beiden Disziplinen, und im letzten Abschnitt soll auf Ergebnisse dieser Zusammenarbeit bzw. deren Beurteilung eingegangen werden.

5.2 Künstliche-Intelligenz-Forschung

Das Auftauchen der ersten Computer Mitte bis Ende der 4o-er Jahre,
damals fast ausschließlich als Hilfsmittel für mathematisch-
technische Berechnungen eingesetzt, belebte sehr rasch wieder die
alten Vorstellungen von der Möglichkeit der Kreation menschen-
ähnlicher, in diesem Falle "intelligenter", Artefakte. Artikel von
Turing (1950) und Von Neumann (1958) - beide Forscher waren
wesentlich an der Entwicklung des Computers beteiligt - trugen dazu bei, diese Gedanken auch in der wissenschaftlichen Welt zu
popularisieren. Bereits in den 5o-er Jahren erschienen laut Anderson (1964) etwa 1000 Abhandlungen, die sich mit dem Thema "Computer und Denken" beschäftigten. Hauptdiskussionspunkt dabei war die
Frage, inwieweit es statthaft sei, dem Computer umgangssprachliche
mentale Begriffe wie etwa Denken, Verstehen, Bewußtsein, Gefühl
u.ä. zuzusprechen.

Wesentlich für die Legitimität solcher Überlegungen ist einerseits
der Umstand, daß es möglich bzw. sogar sehr zweckmäßig ist, eine
Erklärung des Verhaltens eines Computers auf einer Ebene vorzunehmen, die unabhängig von dessen physikalisch-technischer
Realisierung (der sog. "Hardware") ist, d.h. auf einer Ebene, die
im wesentlichen nur Zeichenreihen und syntaktische Operationen
über Zeichenreihen (letztere in etwa gleichsetzbar mit den
Begriffen "Anweisung", "Befehl", "Programm", "Prozeß") kennt. Von
der "Trägerstruktur" dieser Zeichen wird also völlig abgesehen.
Andererseits ist es wichtig zu bemerken, daß der Computer, obwohl
ursprünglich als solche konstruiert, keine bloße "Rechenmaschine"
ist, also nicht nur arithmetische Operationen über Zahlen, sondern
vielmehr beliebige Operationen über beliebigen Zeichen, die wiederum als Symbol für beliebige Designate stehen können, durchführen kann.[2] Alle folgenden Überlegungen beziehen sich ausschließlich auf diese abstrakte "Software"-Ebene; von der technischen
Realisierung wird völlig abstrahiert.

Bereits Ende der 5o-er Jahre tauchen die ersten Programme auf, die
den Anspruch erheben, "intelligentes" Verhalten des Menschen nach-
zuvollziehen. Als Beispiele seien etwa ein theorembeweisendes Programm mit heuristischer Komponente von Gelernter 1963 oder auch

einfache Lernprogramme (z.B. Feigenbaum 1963) erwähnt.

In den 6o-er Jahren setzt dann die "romantische Periode" der Künstlichen-Intelligenz-Forschung ein.[3] Die größere Verfügbarkeit von Computern und deren einfachere Handhabbarkeit, gepaart mit einer guten Portion Forschungsenthusiasmus, lassen eine Fülle von neuen Modellen entstehen: Programme zur Schriftzeichenerkennung, Lernprogramme unterschiedlichster Art und Zielsetzung, theorembeweisende Programme, simple automatische Sprachübersetzer, individual- und sozialpsychologische Simulationsprogramme, Spielprogramme, einfache Roboter, u.v.a.m. Die Modelle dieser Zeit sind vielfach geprägt einerseits durch Ressourcenbeschränkungen wie knapper Speicherplatz, geringe Verarbeitungsgeschwindigkeit und unkomfortable Programmiersprachen, andererseits aber auch durch einen starken Hang zu Ad-Hoc-Orientiertheit, d.h. mangelnder theoretischer Aufarbeitung und Neigung zur "Computerisierung" "intuitiver" Lösungsvorstellungen.

Im Gegensatz dazu sind die 70-er Jahre und die beginnenden 80-er Jahre durch eine stärkere Hinwendung zur Grundlagenforschung gekennzeichnet. Es wird viel Mühe dafür aufgewandt, neue Anschauungsweisen, formale Konstrukte und Begriffe zu erarbeiten, die Unterstützung bieten sollen beim Erstellen "intelligenter Programme". Auf diesen neuen Anschauungen aufbauend entsteht eine Fülle von Software-Hilfsmitteln, insbesondere Programmier- und Wissensrepräsentationssprachen, die es dem Konstrukteur ermöglichen sollen, seine Ideen rascher und einfacher in computergeeigneter Form auszudrücken.
Der Trend zu verstärkter Grundlagenorientierung läßt sich auch aus der Größe von KI-Projekten ablesen: Betrug der Projektaufwand in den 6o-er Jahren zumeist nur wenige Mannmonate bis -jahre, so sind heute Projektgrößen von Dutzenden von Mannjahren keine Seltenheit mehr. Dementsprechend haben sich auch - hauptsächlich in den USA und Großbritannien - Forschungszentren mit unterschiedlichen Zielsetzungen und Paradigmata herausgebildet, von denen als wichtigste die Carnegie-Mellon University, Edinburgh, das Massachusetts Institute of Technology, Stanford und Yale zu nennen sind.

Künstliche-Intelligenz-Forschung versteht sich als diejenige Dis-

ziplin, die versucht, "Computer Aufgaben vollbringen zu lassen,
die, wenn sie der Mensch vollführte, Intelligenz verlangen würden"
(Minsky 1968, p.V). Diese Definition ist natürlich etwas problematisch, sie läßt völlig offen, was denn unter "Intelligenz" bzw.
"intelligent" zu verstehen sei.

Ursachen, warum gewisse Probleme als untersuchenswert für eine
"Künstliche-Intelligenz-Forschung" angesehen wurden, dürften eher
darin zu suchen sein, daß diese Gebiete aus irgendwelchen Gründen
grundsätzlich als "computerisierbar" erschienen, man aber nicht
erwartete, dies mit Informatik-Standardmethoden und -Standard-
vorstellungen bewerkstelligen zu können. (Frei nach Nilsson 1974:
Künstliche-Intelligenz-Forschung ist, wenn es der Computer zu-
standebringt, dann gehört es nicht mehr zur KI-Forschung!) Dazu
kommt natürlich auch noch der Aspekt der "Brauchbarkeit" dieser
Forschung, also deren unmittelbare kommerzielle (etwa Schrift-
erkennung, natürlichsprachiger Dialog mit dem Computer), militä-
rische (z.B. Satellitenbildanalyse, Sprachübersetzung) oder wissenschaftliche (z.B. Automatisches Beweisen) Anwendbarkeit.

Die Hauptgebiete der Künstlichen-Intelligenz-Forschung lassen
sich derzeit in gewisser Analogie zu menschlichen "Teilfähigkeiten" noch halbwegs sinnvoll in 5 Gruppen gliedern, wobei stärkere,
diese Einteilung sprengende Veränderungen aufgrund der Dynamik
dieses Wissenschaftszweiges in den nächsten Jahren nicht auszuschließen sind: [4]

a) <u>Visuelle Wahrnehmung</u>:

Der Aufgabenbereich dieses Gebiets läßt sich mit dem Schlagwort
"Vom Fernsehbild zum erkannten Objekt / zur erkannten Szene" um-
reißen, d.h. man versucht, in einer von einem visuellen Rezeptor
gelieferten Grauwertmatrix Objekte zu separieren, diese als drei-
dimensionale Gebilde zu interpretieren, sie zu klassifizieren und
in einen integrierenden Szenenrahmen zu stellen. (Die Verarbei-
tungsfolge braucht aber keineswegs eine sequentielle zu sein!). [5]

b) <u>Auditive Wahrnehmung</u>:

In diesem nicht sehr stark entwickelten Gebiet geht es um das Erkennen gesprochener Sprache durch Analyse des Spektrogramms einer

menschlichen Sprachäußerung.[6]

c) <u>Verarbeitung natürlicher Sprache</u>:

Ziel dieses derzeit neben den sog. "Expertensystemen" (s.u.) wohl umfangreichsten Gebiets der KI-Forschung ist die natürlich-sprachige Interaktion mit dem Computer. Dabei treten mannigfache Teilprobleme auf, die bereits sehr viel Eigenständigkeit aufweisen. Beispielhaft sei erwähnt das Problem der syntaktischen Analyse natürlicher Sprache, das Problem der Semantik von Sprache, oder das Gebiet der Wissensrepräsentation, in dem nach neuen Möglichkeiten gesucht wird, große Mengen von Wissen unterschiedlichster Art in geeigneter Weise formal darzustellen.[7]

d) <u>"Problem Solving"</u>:

Hinter dieser Bezeichnung verbirgt sich eine Reihe von Forschungsaktivitäten, die darauf abzielen, den Computer mit gewissen "Problemlösungsfähigkeiten" auszustatten. Dazu gehören Gebiete wie etwa Automatisches Beweisen, Programmverifikation, Automatische Programmgenerierung, Spielprogramme oder der Bereich des "Heuristischen Problemlösens", innerhalb dessen die sog. "Expertensysteme" zunehmend an Bedeutung gewinnen.[8]

e) <u>"Robotics"</u>:

Früherer Schwerpunkt dieses Bereichs war die Konstruktion von "Teleoperatoren", d.h. beweglicher Roboter, die mit visuellen Rezeptoren, Effektoren (z.B. Greifarmen) und einer gewissen Problemlösungsfähigkeit ausgestattet waren. In den letzten Jahren kam noch das Gebiet der "Industrieroboter" - das sind programmierbare Werkzeugmaschinen mit visuellen (z.T. auch taktilen) Rezeptoren - hinzu.

Die erwähnten Teilbereiche der Künstlichen-Intelligenz-Forschung stellen z. T. selbständige Forschungsgebiete mit eigenen Zielen, Problemen und Lösungsvorstellungen dar, sie haben aber auch viele gemeinsame Grundlagen. Insbesondere das erwähnte Gebiet der Wissensrepräsentation scheint sich in den letzten Jahren zu einem integrativen Faktor für große Teile der KI-Forschung entwickelt zu haben.[9]

Zu beachten ist auch, daß diese Aufstellung eventuell suggestiv
ist, indem sie nämlich von vornherein gewisse Forschungsaktivitäten innerhalb der Künstlichen-Intelligenz-Forschung mit menschlichen Teilfähigkeiten in Verbindung setzt. Falls ein solcher Vergleich aber möglich und sinnvoll ist, wird er zweckmäßigerweise in
der obigen thematischen Gliederung stattfinden.

5.3 Kognitive Psychologie

Nach der Ära des Behaviorismus, der bei der Untersuchung menschlichen Verhaltens mentalistische Erklärungen als wissenschaftlich
nicht überprüfbar ansah, Mentalstrukturen daher ignorierte und
sich auf das Studium beobachtbarer Reiz-Reaktions-Schemata beschränkte, ist nun seit Beginn der 6o-er Jahre die sogenannte
"Kognitionspsychologie" in der Allgemeinen Psychologie dominie-
rend. Die Paradigmata dieser neuen Betrachtungsweise des Menschen
können wie folgt beschrieben werden (vgl. etwa Wimmer & Perner
1979, Miller 1980, Newell 1973):
Die Kognitive Psychologie sucht menschliche kognitive Fähigkeiten
auf einer mentalen Ebene zu erklären, d.h. einer Ebene, die weder
mit neuronalen Zuständen noch mit beobachtbarem Verhalten oder
subjektiv-introspektiv erfahrenen Phänomenen zusammenfällt. Der
Mensch wird dabei unter dem Aspekt der "Informationsverarbeitung"
betrachtet: Menschliches Verhalten wird zu erklären versucht als
Resultat systeminterner Vorgänge, die von außerhalb des Systems
stammende "Information" "verarbeiten". Diese "Verarbeitung"
stellt sich näher dar als Interaktion kognitiver Mechanismen, die
Operationen auf (zumeist angenommen: symbolisch repräsentierten)
mentalen Inhalten ausführen. Beide zusammen, mentale Prozesse und
mentale "statische Inhalte", sollen die Wissensbasis beschreiben,
die den Menschen zu kognitiven Leistungen befähigt.

Die wissenschaftliche Vorgangsweise zur Erforschung dieser kognitiven Basis wird dabei wie folgt festgelegt: Es werden zuerst mentale Strukturen postuliert, die als Erklärung für gewisse kognitive Fähigkeiten des Menschen herangezogen werden können.[10] In
einem zweiten Schritt soll die Brauchbarkeit dieser Explanations-

konstrukte mit Hilfe geeigneter empirischer Verfahren festgestellt werden, wobei üblicherweise auch auf Unterstützung der
Plausibilität dieser Konstrukte durch andere, bereits bewährte
Hypothesen zu achten ist. Im Gegensatz zum "Alten Mentalismus",
vertreten hauptsächlich durch die Würzburger Schule rund um die
Jahrhundertwende, beschränkt sich der Neo-Mentalismus nicht auf
bewußte geistige Phänomene und schließt Introspektion als Forschungsmethode explizit aus.

Eine weitere Überprüfungsmöglichkeit für kognitionspsychologische
Theorien bietet die Entwicklungspsychologie: Lassen sich kognitive Unfähigkeiten des Kindes vor einem bestimmten Alter durch das
Nichtvorhandensein oder die zu grobe Ausprägung gewisser zur Explikation kognitiver Fähigkeiten des Erwachsenen bereits akzep-
tierter mentaler Strukturen erklären, so kann dies als zusätzliches Argument für die psychologische Realität dieser Konstrukte
herangezogen werden.

Wichtig für die folgenden Überlegungen ist, daß durch diese Paradigmata noch keinerlei Vorentscheidung in bezug auf Mechanismus
oder Materialismus getroffen wird. Es sind im Prinzip auch nicht-
mechanistische mentalistische Erklärungen zugelassen (siehe jedoch die Einschränkung von Dennet 1975 weiter unten), und die
Frage nach der Art der Realisierung wird - zumindest in der para-
digmatischen Idealvorstellung - überhaupt nicht gestellt. Die kognitionspsychologischen Paradigmata erlauben es jedoch, sinnvoll
mit mentalistischen Begriffen operieren zu können, ohne eine
materialistische Basis verlassen zu müssen.

Hauptuntersuchungsgebiete der Kognitiven Psychologie sind derzeit
vor allem die Problemkreise "Wahrnehmen", "Verstehen", "Denken",
"Problemlösen", "Planen" und "Wissen". Die behavioristische Domäne des Lernens ist etwas in den Hintergrund getreten; auch Themen
wie etwa "Motivation", "Entscheiden", "Kreativität", "Wille",
"Absicht", "Emotion", "Fertigkeiten" etc. werden kaum behandelt,
was z. T. auf Kritik stößt bzw. auch als Grenze kognitionspsycho-
logischer Aussagekraft angesehen wird (vgl. etwa Norman 1980 u.
Haugeland 1978).

Diese neue, "kognitive" Betrachtungsweise des Menschen ist zweifelsohne stark von der "Computermetapher" beeinflußt. Mensch und
Computer werden hiebei als bezüglich gewisser Eigenschaften ("in-
formationsverarbeitende Systeme", "obwohl auf materieller Ebene
realisiert, sinnvoll auf abstrakter Ebene erklärbar", usw.) derselben Klasse zugehörig, d.h. als Realisationen derselben theoretischen Struktur angesehen. Der Computer dient als "Vorstellungs-
hilfe", als Beweis, daß gewisse Vorstellungen über den Menschen
überhaupt real möglich und sinnvoll sind (z.B. Software-Hardware-
Trennung).

Die als gemeinsam angesehenen Eigenschaften sind dabei recht glo-
baler, d.h. auch recht vager und "unverbindlicher" Natur. "Etwas
hört auf, eine Metapher zu sein, wenn dadurch detaillierte Berechnungen abgeleitet werden können; es bleibt eine Metapher, wenn es
viele selbständige Eigenschaften aufweist, deren Relevanz für das
Vergleichsobjekt problematisch ist" (Newell & Simon 1972).[11]

Die Anwendung der Computermetapher ist m. E. legitim, sofern man
sich bewußt ist, daß sie eine <u>theoretische Betrachtungsweise</u> des
Menschen darstellt, die weiters nicht unbedingt hinreichend zu
sein braucht. Apter (1970) weist darauf hin, daß der Mensch seit
Descartes und La Mettrie schon des öfteren mit den gerade höchst-
entwickelten Maschinen wie Spieluhren, mechanischem Spielzeug,
hydraulischen Maschinen, Dampfmaschinen und Telefonnetzwerken
verglichen wurde. Die derzeitige Betonung der Computermetapher
könnte sich also durchaus auch als zeitabhängig erweisen.

5.4 Verbindungen zwischen Künstlicher-Intelligenz-Forschung und Kognitiver Psychologie

Aus den obigen Ausführungen dürfte bereits hervorgehen, auf welcher theoretischen Basis eine Zusammenarbeit zwischen Kognitiver
Psychologie und Künstlicher-Intelligenz-Forschung erfolgen kann:
In der Annahme, daß das Ziel, intelligente Computer zu schaffen,
nicht unabhängig ist vom Bestreben, menschliche kognitive Leistungen zu erklären [12], wird versucht, Korrespondenzen herzustellen
zwischen (abstrakten) Software-Strukturen im Computer (bzw. deren

funktionaler Interpretation) und postulierten (abstrakten) Mentalstrukturen des Menschen. Beide, Mensch und Computer, werden hier als Realisation derselben theoretischen Vorstellungen angesehen.

Unterschiedliche Auffassungen bestehen nur in Fragen von Methodologie und Forschungszielen bei dieser Zusammenarbeit, wobei sich hier in den letzten beiden Jahrzehnten drei Richtungen herauskristallisiert haben, die allerdings keineswegs immer scharf zu trennen sind.

5.4.1   Performanz- und Explorationsmodelle

Neben den KI-Gebieten, die sich mit "harten" technischen Zielen wie der Konstruktion von Robotern, der Zeichenerkennung oder der visuellen Szenenanalyse beschäftigten, entwickelten sich schon zu Beginn der 60-er Jahre Forschungsrichtungen mit stark "spielerischer" Note, bei denen versucht wurde, Computer mit "intelligentem Verhalten" auf bestimmten eingeschränkten Gebieten zu versehen. Hiezu gehören die verschiedensten Arten von Spielprogrammen, wie Schach, Dame (Samuel 1963), Backgammon oder Kalah (ein afrikanisches Brettspiel), sowie Versuche, den Computer Gedichte oder Kompositionen (Hiller & Baker 1962) schreiben zu lassen. Hiebei wurde insbesondere auf hohe Performanz Wert gelegt. Die dabei verwendeten Techniken wie etwa Suchbaumverfolgung, Minimax-Strategien oder Alpha-Beta-Pruning (einen einführenden Überblick gibt Raphael 1976) wurden in keiner Weise als psychologisch relevant angesehen.

Diese Programme, so sie eine Fähigkeit in vollem Umfang beherrschen (wie das festgestellt werden soll, bleibt natürlich offen), können allerdings als Beweis dafür herangezogen werden, daß diese Fähigkeit im Prinzip mechanisch realisierbar ist. Und daß weiter, indem man etwas verwegen die formale Generierung mit der Erklärung des Zustandekommens auch der menschlichen Leistung gleichsetzt (dieses Problem wird ausführlicher diskutiert in Born 1981a u. 1981b), auch bei der Erklärung der menschlichen Fähigkeit nicht auf nicht weiter analysierbare Begriffe wie "Intelligenz" o.ä. rekurriert werden muß.

Eine etwas andere Zielrichtung verfolgten Lernprogramme wie etwa
Feigenbaum (1963), Winston (1970) oder auch Ramaseder (1978) und
Reichl (1982), sowie einfache individual- und sozialpsychologische Simulationsprogramme wie Gullahorn & Gullahorn (1963), Loehlin (1968), Colby (1963, 1964, 1967) und Reitman (1965). Im Gegensatz zu den erwähnten Spielprogrammen streben diese nicht mehr
nach "Leistung", sondern nach möglichst großer "Input-Output-
Äquivalenz" in bezug auf das beobachtbare menschliche Verhalten.
Es wird versucht, ein Computermodell zu finden, das in etwa die
Ein-Ausgabe-Paare, wie man sie beim menschlichen Verhalten zu
identifizieren glaubt, rekonstruiert. Die Generierungsstrukturen
des Computermodells werden nun aber nicht mehr als psychologisch
völlig irrelevant erachtet, sondern es wird versucht, aus Aspekten
der Struktur des Computermodells Hinweise auf mögliche mentalistische Erklärungskonstrukte für den Menschen zu finden.

Die Forschungsrichtung verläuft dabei hauptsächlich vom Computermodell zur Theorie: Aus experimentellen Untersuchungen am Modell
versucht man zu erklärenden Hypothesen über den Menschen zu kommen. Diese Experimente sind insbesondere deshalb wichtig, weil
sich oft bei einem Computermodell bereits durch die Interaktion
von nur wenigen Mechanismen ein sehr komplexes Gesamtsystem ergeben kann, das oftmals völlig überraschende Ergebnisse liefert.

5.4.2 Strukturmodelle

Bei Strukturmodellen kommt neben der Funktionsäquivalenz noch die
Strukturäquivalenz als Beurteilungskriterium hinzu, d.h. es wird
gefordert, daß das Modell das zu untersuchende menschliche Verhalten nicht nur generiert, sondern daß die Generierungsstrukturen
des Modells auch Hilfestellung bieten sollen beim Versuch, zu Er-
kenntnissen über die entsprechenden menschlichen Generierungsstrukturen für dieses Verhalten zu kommen, indem man via eine
übergeordnete Theorie, als deren Realisation man beide auffaßt und
untersucht, Strukturäquivalenzen oder vielmehr _interne_ Funktions-
äquivalenzen zwischen ihnen herzustellen trachtet. Die Arbeits-

richtung verläuft dabei zumeist von der Theorie zum Modell hin,
d.h. es werden zuerst allgemeine kognitionspsychologische Theorien aufgestellt und dann Computermodelle als spezielle Instanzen
dieser Theorien geschaffen.

Seit etwa 1970 gibt es nun das Forschungsgebiet der "Cognitive
Science" [13], in dem Psychologen, Künstliche-Intelligenz-Forscher
und Linguisten an der Entwicklung solcher Strukturmodelle zur Erklärung menschlicher kognitiver Leistungen arbeiten. Die Disziplin ist seit 1977 durch eine eigene Zeitschrift gleichen Namens
vertreten und derzeit an etwa 20 amerikanischen und britischen
Universitäten auch institutionell repräsentiert. Hauptprobleme
sind im Moment die Bereiche Wissensrepräsentation, Sprachverstehen, Beantwortung von Fragen, Schlußfolgerungen, Problemlösen,
Planen und Bildinterpretation (nach Collins 1977).

Wesentlich ist zu bemerken, daß im Bereich der Cognitive Science
das Erstellen von Computermodellen meist nicht Forschungsziel,
sondern hauptsächlich Forschungsmethode darstellt. Der Computer
wird als Instrument verwendet, um theoretische Vorstellungen, die
man vom Menschen hat, zu realisieren, das heißt in diesem Fall
auch "ins Leben zu rufen" und das Verhalten dieser Realisationen
wiederum als Phänomen zu untersuchen. Die Cognitive Science versteht sich hiebei zumeist als "theoretische Psychologie", der
"normalen" Psychologie würde die Aufgabe zufallen, die von der
Cognitive Science akzeptierten Konstrukte auf ihre empirische
Brauchbarkeit hin zu untersuchen.

Diese Vorgangsweise bringt viele Vorteile mit sich, wie zum Beispiel eine größere Klarheit der psychologischen Erklärungskonstrukte, bessere Möglichkeiten der Prämissen- und Konsistenz-
prüfung sowie der Behandlung von Komplexität, etc. Demgegenüber
stehen aber auch einige Nachteile, wie z.B. der Zwang zur Konstruktion hinreichender Theorien (auf diesen Punkt soll weiter
unten noch eingegangen werden), das Problem der Eigenstruktur der
Modellsprache, die einerseits die Auflösungsfähigkeit des Modells
beeinflussen kann und andererseits die Gefahr einer zu weitgehenden Identifizierung von Objekt- und Modellstruktur in sich birgt.
Dazu kommen noch wissenschaftstheoretische Fragen, etwa inwieweit

ein Computermodell überhaupt eine Theorie darstellen kann oder ob
ein Computerprogramm wirklich die geeignete Erklärungsebene für
kognitive Leistungen darstellt.[14)]

Kognitionspsychologische Erklärungen im Cognitive-Science-Para-
digma müssen also offensichtlich so geartet sein, daß es möglich
ist, aus ihnen ein mechanisches Modell - speziell ein Computermodell - abzuleiten, das das zu erklärende menschliche Verhalten
generiert. Zur (möglichen) Beschränkung durch die "Computermetapher" tritt hier also noch die (mögliche) Beschränkung auf
Theorien mit effektiven (oder "komputationalen") Modellen
hinzu.[15)] Für Dennet (1975) stellt diese Restriktion aber keinen
Nachteil für die Psychologie dar: "Denn eine Psychologie, die
keine petitio principii enthält ["begging the question"], wird
eine Psychologie sein, die sich im letzten nicht wieder auf un-
erklärte Intelligenz beruft. Diese Bedingung kann umformuliert
werden in die Bedingung, daß, in welche Funktionsteile eine
Psychologie auch immer ihre Untersuchungsobjekte zerlegt, von den
kleinsten, fundamentalsten oder auch einfachsten dieser Funktionsteile nicht erwartet werden darf, daß sie Aufgaben erfüllen
oder Verfahren durchführen, die Intelligenz verlangen. Diese Bedingung wiederum ist sicher stark genug, um zu gewährleisten, daß
jedes in einer psychologischen Theorie akzeptable "letzte" Verfahren in die intuitiven Grenzen des "Berechenbaren" oder auch
"Effektiven" fallen wird ..."

Bei diesen Überlegungen setzt Dennet natürlich voraus, daß die Erklärung menschlichen Verhaltens auch Aufschluß über das Zustandekommen dieses Verhaltens mit umfassen muß, was selbstverständlich
nicht unplausibel ist (siehe jedoch die behavioristische Auffassung!), und weiters, daß das Zustandekommen des Verhaltens durch
Verfahren im Sinne der Computermetapher bewerkstelligt wird.

Das Problem ist allerdings nicht nur von theoretischer Bedeutung,
sondern hat offenbar auch unmittelbare praktische Konsequenzen in
bezug auf die Akzeptabilität von Theorien. Vergleiche dazu etwa
die "mental-imagery"-Diskussion, wo die syntaktisch eindeutige,
also unmittelbar mechanisch umsetzbare propositionale Darstellung
der "bildhaft-anschaulichen" Repräsentation gegenübersteht, die

für verschiedene experimentelle Befunde (etwa Metzler & Shepard
1974, Moyer 1973) die näherliegende Erklärung zu sein scheint (und
für die auch introspektive Phänomene sprechen), für die mechani-
sche Realisierungsmöglichkeiten aber ziemlich unklar sind.[16]

5.4.3   Von der Künstlichen Intelligenz zur "Universellen" Intel-
ligenz ?

Ein sehr interessanter Trend in der Zusammenarbeit von Künstlicher-Intelligenz-Forschung, Psychologie, Linguistik und Philosophie scheint sich in den unmittelbar letzten Jahren angebahnt zu
haben, nämlich die Entwicklung der Künstlichen-Intelligenz-Forschung zu einer Art "Wissenschaft von den Bedingungen der Möglichkeit von Intelligenz überhaupt".

Diese Entwicklung scheint einerseits getragen zu werden von einem
neuerdings wieder verstärkten Interesse der Philosophie an Fragen
der Künstlichen-Intelligenz-Forschung. Das Hauptthema der 5o-er
Jahre, ob man Maschinen umgangssprachliche mentale Attribute zubilligen darf, wird dabei erweitert zum Problem, welche Bedingungen ein allgemeines System erfüllen muß, damit man darüber sinnvoll in Begriffen wie Verstehen, Denken, Absicht, Bewußtsein, Per-
sonalität, etc. sprechen kann bzw. inwieweit komputationale Vorstellungen hier näheren Aufschluß bieten können.[17]

Als zweiten Träger dieser Entwicklung in Richtung auf eine "All-
gemeine-Intelligenz-Forschung" kann man m.E. das neue Selbstverständnis der KI-Forschung ansehen: Die verstärkte Grundlagenforschung des letzten Jahrzehnts hat zu Entwürfen, Prinzipien und
Begriffen geführt, die nach Meinung einiger Autoren mehr einer
"Theorie der Intelligenz" als unmittelbarer KI-Technik zuzuordnen
sind. Begriffe wie "Daten- vs. Erwartungsgetriebenheit", "deklarative vs. prozedurale Darstellung", "konzeptuelle Abhängigkeit"
(Schank 1972), "Skripts" (Schank & Abelson 1977) oder "Frames"
(Minsky 1975) lassen sich nicht mehr unmittelbar in Programme um-
setzen, sie geben höchstens gewisse Leitlinien dafür vor. (Siehe
dazu auch Kobsa 1982b.)

Dementsprechend mehren sich auch die Stimmen von KI-Forschern, die nicht mehr die "Konstruktion schlauer Computer" (Raphael 1976), sondern das "Verstehen intelligenter Prozesse unabhängig von ihrer speziellen physischen Realisierung" (Goldstein und Papert 1977) als Hauptziel ihrer Disziplin ansehen.

Da sich in letzter Zeit immer mehr die Wissensrepräsentation, d.h. die Frage, auf welche Art man große Mengen von "Weltwissen" mit dem Ziel einer effizienten Manipulation und Interaktion repräsentieren kann, als der zentrale Kern des Studiums intelligenter Systeme herauskristallisiert, wird KI-Forschung nunmehr auch des öfteren als "study of knowledge" oder als "experimental epistemology" (Schank 1978) [18] apostrophiert, die sich von der traditionellen (psychologischen) Epistemologie dadurch unterscheiden soll, daß Theorien durch Realisierung in Computerprogrammen unmittelbar auf reale Situationen anzuwenden sein sollen.

Methodisch soll im Rahmen dieser "Universellen-Intelligenz-Forschung" offenbar so vorgegangen werden, daß man versucht, viele auf möglichst unterschiedlichen Vorstellungen basierende "intelligente" Computermodelle zu erstellen. Bei diesem Bestreben wird sich dann vielleicht ergeben, daß sich diese Vorstellungen in allgemeinere Theorien für (künstliche) intelligente Systeme einbetten lassen. Ziel der Forschung wäre es dann, zu so allgemeinen Aussagen über die "Natur von Intelligenz" zu kommen, daß sich dadurch auch ein größeres Verständnis für menschliches intelligentes Verhalten ergibt.

Als Beispiel für eine analoge Situation in der Wissenschaftsgeschichte wird dabei gerne auf die Erforschung des Fliegens verwiesen, wo Ornithologen den Vogelflug erklären und Ingenieure künstliche Flugobjekte schaffen wollten. Bei letzteren wieder gab es ältere Gruppen, die das Ziel durch Imitation des Vogelflugs zu erreichen suchten, also etwa durch Nachahmung des Flügelschlags, und andere, die sehr bald das natürliche Vorbild verließen und rein im Performanzmodus arbeiteten. Der Durchbruch bei allen diesen Bestrebungen kam aber nach Papert (1973) erst durch die allgemeine Theorie der Aerodynamik, die aus den Ergebnissen von systematischen Versuchen mit künstlichen Flugobjekten im Windkanal aufgestellt wurde. Aus dieser Theorie ließen sich dann sowohl Erklärungen für den Vogelflug als auch Richtlinien für den Bau künstlicher Flugapparate ableiten.

Das neue Selbstverständnis der Künstlichen-Intelligenz-Forschung ist insofern bemerkenswert, als diese Forschungsrichtung damit den Bereich einer rein technischen Disziplin verläßt und zu einer Wissenschaft wird, die Erkenntnisse über unsere "Wirklichkeit" gewinnen will. Damit sind ihre Forschungsergebnisse aber ganz anderen Beurteilungskriterien zu unterwerfen.
Gerade in diesem Punkt setzt nun die Kritik Weizenbaums (1978) an der "Hybris" der KI-Forschung an, welche s. E. gerade erst in der Lage ist, in einigen kleinen Bereichen "intelligente Programme" basteln zu können, aber schon den Anspruch erhebt, "allgemeine Theorien" über die Natur von Intelligenz geliefert zu haben. Die KI-Forscher erkennen seiner Meinung nach nicht, daß für solche Erklärungen allgemeinere Prinzipien von größerer Aussagekraft vonnöten sind als jene, die in den derzeitigen Computerprogrammen realisiert sind (siehe auch Kobsa 1982b u. 1982c).

5.5 Erste Ergebnisse der Zusammenarbeit und deren Beurteilung

Die Zusammenarbeit der Künstlichen-Intelligenz-Forschung mit anderen Disziplinen zur Erklärung menschlichen Verhaltens hat ohne Zweifel schon eine Fülle von Ideen, Begriffen und Theorien hervorgebracht, hauptsächlich im Bereich der Wissensrepräsentation (insbes. im Bereich des Langzeitgedächtnisses - siehe etwa Wettler 1980), des Sprachverstehens (vgl. Clark & Clark 1977) und der visuellen Wahrnehmung.[19] Begriffe wie "semantisches Netzwerk", "semantisches und episodisches Gedächtnis", "Skripts", "Frames", "Produktionensysteme" oder "Daten- vs. Erwartungsgetriebenheit" sind Grundbegriffe sowohl der Künstlichen-Intelligenz-Forschung als auch der Kognitiven Psychologie bzw. teilweise auch der Psycholinguistik geworden. Oft läßt sich die Provenienz dieser Begriffe gar nicht eindeutig feststellen.

Umstritten ist allerdings der praktische Wert dieser Zusammen-

arbeit. Die Palette der Meinungen hiezu reicht vom Anspruch
Minskys & Paperts (1972), daß erst die Künstliche-Intelligenz-Forschung eventuell zu einer wissenschaftlichen Psychologie werden
könnte [20], über Angriffe von Seiten des Behaviorismus und des
Phänomenalismus [21], denen die Grundlagen dieser Disziplin (aus
verschiedenen Gründen allerdings) als zu mentalistisch erscheinen, und über die Kritik der Chomskianer Dresher & Hornstein
(1976), die der Künstlichen-Intelligenz-Forschung in bezug auf das
Studium menschlicher Sprache jegliche Wissenschaftlichkeit ab-
sprechen, da sie in den bisherigen Ergebnissen keinerlei universelle Prinzipien zu entdecken glauben [22], bis zur maliziösen Bemerkung von Johnson-Laird (1980, p. 109), daß die Computersimulation "zu nützlich für die Cognitive Science [sei], als daß man sie
ausschließlich in den Händen der Künstlichen Intelligentsia [23]
lassen dürfe".

Neben offenbar hauptsächlich durch die unterschiedliche wissenschaftliche Grundposition der Autoren aufgeworfenen Einwänden,
die aber des öfteren dazu beitragen, die Paradigmata der "Kognitiven Wissenschaft" klarer zu erhellen, enthalten diese Diskus-
sionen auch eine Reihe berechtigter Argumente gegen diverse KI-
Auffassungen und KI-Konzepte.

Bemerkenswert scheint m. E. auch die Arbeit von Weizenbaum (1978),
der vor zu wenig reflektierter Verwendung der Computermetapher und
zu voreiliger Identifizierung von formaler Rekonstruktion im Computer mit psychischen Prozessen warnt sowie einige ethische Beden-
ken gegen die Anwendung von Computern im Humanbereich anführt.

Miller (1980) sucht einige allgemeine Gründe für diese unterschiedliche Ergebnisbeurteilung anzuführen und findet diese
hauptsächlich darin, daß beide Seiten von unterschiedlichen methodologischen Annahmen ausgehen: Die wissenschaftliche Psychologie
auf der einen Seite ist seiner Meinung nach schon immer vor der
Notwendigkeit gestanden, sich von "unwissenschaftlichen", also
etwa weltanschaulich, ideologisch oder "alltagspsychologisch" ge-
färbten Erklärungsversuchen abzugrenzen. Sie wählte dazu das Be-
wertungskriterium der empirischen Konsequenz, d. h. Erklärungen
müssen, um akzeptiert werden zu können, irgendwie empirisch über-

prüfbar sein. In bezug auf die Wahrheit von Aussagen sind Psychologen also primär Anhänger einer Korrespondenztheorie, wobei Ergebnisse anderer, bereits bewährter Theorien, welche die Plausibilität ihrer Theorien stützen, natürlich dankbar zur Kenntnis genommen werden. Das Ergebnis dieser Vorgangsweise ist dann allerdings eine Fülle kleiner, zusammenhangloser Theorien, die aber als
notwendig angesehen werden in der Hinsicht, daß eine notwendige
und hinreichende Gesamttheorie die gefundenen Teiltheorien notwendigerweise wird inkorporieren müssen.

Theorien im Umkreis der Künstlichen-Intelligenz-Forschung streben
hingegen derzeit vorwiegend danach, hinreichend zu sein, d.h. sie
sollen in der Lage sein, ein bestimmtes Phänomen vollständig - in
diesem Fall durch Generierung des Phänomens durch Modelle der
Theorie - zu erklären. Um empirische Überprüfung der psychologischen Realität der einzelnen Elemente des zu diesem Zweck postulierten Generierungsapparates kümmert man sich eher wenig. Der
Grund hiefür liegt zum einen in der methodologischen Annahme, daß
in der Psychologie derzeit ein vordringlicher Bedarf besteht an
alternativen, einen großen Phänomenbereich generierenden, zu-
sammenhängenden und durch Computersimulation bereits auf höhere
Qualitätsebene gebrachten Modellen, die Hilfestellung bieten können bei der Konstruktion psychologischer Theorien. Diese Vermutung
hat nach Winograd (1977) keinen höheren Stellenwert als die Annahme Chomskys, daß man sich zuerst auf das Studium von Syntax kon-
zentrieren sollte, bevor man sich mit Problemen der Semantik beschäftigt.

Zum anderen ist bei Cognitive-Science-Theorien sicher ein gewisser
"Zwang zur Hinreichendheit" gegeben. Dies ergibt sich aus der speziellen Art der von ihr präferierten Explikation: Erklären durch
Generieren ähnlichen Verhaltens im Computer setzt einen hohen Grad
von "Vollständigkeit" der Generierungsstrukturen des zu reali-
sierenden Modells voraus. Um dies zu erreichen müssen oft viele
Annahmen getroffen werden. Diese kann man nun entweder in den Bereich der Modellträgerebene verbannen, mit dem Effekt, daß der
psychologisch interessante Teil der Modellstruktur extrem dünn und
inhaltsleer wird, oder man sieht diese Annahmen als psychologisch
relevant an, setzt sich dann aber der kognitionspsychologischen

Kritik aus, daß diese Konstrukte oft kaum empirisch überprüfbar
sind oder beim gegenwärtigen Stand der psychologischen Forschung
überhaupt keine empirische Konsequenz beinhalten. In diesem Problem könnte eventuell eine gewisse Gefahr für die künftige Zusammenarbeit zwischen Kognitionspsychologie und Künstlicher-
Intelligenz-Forschung verborgen sein. Erste Aktualisierungen im
Bereich der erwähnten "mental-imagery"-Diskussion lassen sich
offensichtlich schon beobachten.

Ein weiteres Problem für die KI-Forschung ist, daß die wissenschaftliche Arbeit in diesem Bereich derzeit noch ziemlich orien-
tierungslos vonstatten geht. Die Disziplin befindet sich, wie
Dreyfus (1965) bemerkt, derzeit sicher in keiner besseren Position
als die mittelalterliche Alchimie: Kaum theoriengeleitet mischt
sie verschiedene Ingredienzen zusammen und hofft, daß dabei so etwas wie "Intelligenz" herauskommt. Dieses "blinde Herumtappen" ist
allerdings der Beginn fast jeder neuen Disziplin; auf Basis der
experimentellen Befunde der Alchimie konnte die moderne empirische
Chemie entstehen, die jetzt ein weitaus stärker theoriengeleitetes
Vorgehen ermöglicht.

Wie stehen die Chancen für die Zukunft? Es scheint müßig, hier
Spekulationen anzustellen, in welche Richtung sich die Zusammenarbeit zwischen Künstlicher-Intelligenz-Forschung, Kognitiver
Psychologie, Linguistik und Philosophie wohl entwickeln wird bzw.
was wohl deren Ergebnisse sein werden. Vom umgekehrten Blickwinkel
aus betrachtet muß man feststellen, daß es derzeit noch kaum "Un-
möglichkeitsbeweise" gibt, also theoretische Grenzen der Anwendbarkeit des Computers als Hilfsmittel bei der Theorienbildung.
Einzige Ausnahme dabei dürfte das Gödel-Theorem sein (Gödel 1931),
dessen Auswirkungen auf das "High-Level-Verhalten" des Computers
aber noch sehr unklar sind.[24]

Allgemein kann aber auf jeden Fall gesagt werden, daß der Einsatz
von Computern als Hilfsmittel bei der Theorienbildung ein neues
Verhältnis zur Theorie eröffnen könnte, in dem Sinne nämlich, daß
er die Möglichkeit bietet, nicht nur natürliche, sondern auch
künstliche Realisationen eines theoretischen Konzepts in ihrem
Verhalten zu untersuchen und so Theorien zusätzlichen Prüfungen

unterziehen zu können. Dabei sollte man sich allerdings immer der Voraussetzungen einer solchen Vorgangsweise sowie der daraus resultierenden Einschränkungen in theoretischer wie forschungspraktischer Hinsicht bewußt sein.

Für einen sinnvollen Einsatz der Computersimulation in der Kognitiven Psychologie scheinen m. E. die Voraussetzungen gegeben zu sein; auch die daraus resultierenden wissenschaftlichen Restriktionen dürften sich derzeit im akzeptablen Rahmen bewegen. Allerdings muß man sich dabei bewußt sein, daß dies zum guten Teil auf die sehr "computerfreundlichen" kognitionspsychologischen Paradigmata zurückzuführen ist. Sollten sich hier die Anschauungen ändern, müßte auch die Legitimität der Computersimulation neu überdacht werden.

5.6 Anmerkungen

1) Diese Arbeit erschien unter dem Titel "Künstliche Intelligenz und Kognitive Psychologie" im ÖGAI-Journal 1/1(1982). Eine frühere Version erschien in H. Schauer und M. J. Tauber (Hrsg.), Informatik und Psychologie, Wien - München, Oldenbourg. Herrn Rainer Born (Univ. Linz) und Herrn Otto Neumaier (Univ. Salzburg) möchte ich für kritische Kommentare und wertvolle Hinweise herzlich danken.

2) Gute Einführungen in die Funktionsweise von Computern unter dem Aspekt der Künstlichen-Intelligenz-Forschung bieten Weizenbaum (1978) und Apter (1970).

3) Ausdruck von Goldstein & Papert (1977).

4) Das derzeit beste Übersichtswerk über das Gesamtgebiet der KI-Forschung ist zweifelsohne Barr & Feigenbaum (1981, 82) und Cohen & Feigenbaum (1982).

5) Eine gute Übersicht über dieses Forschungsgebiet findet sich bei Winston (1975 u. 1977) sowie in Hanson & Riseman (1978).

6) Einen Überblick bieten Lea (1980) und Levinson & Liberman (1981).

7) Zum Standardwerk auf diesem Gebiet dürften wahrscheinlich die drei Bände von Winograd (im Erscheinen) werden.

8) Klassiker auf diesem Gebiet sind Nilsson (1971) und - mehr von psychologischer Seite her - Newell & Simon (1972) sowie Dörner (1976). Eine neuere Darstellung von in diesem Bereich verwendeten KI-Methoden findet sich in Nilsson (1980).

9) Einen kleinen Überblick hierüber bietet Kobsa (1982d).

10) Etwas präziser: Es wird versucht, von der Kognitionspsychologie als untersuchenswert erachtetes menschliches Verhalten durch die Annahme mentaler Vorgänge zu erklären, die dieses Verhalten erzeugen; das Verhalten wird damit unter eine Regularität subsumiert. Individuen, die solches Verhalten zeigen, werden im Rahmen der "Alltagspsychologie" üblicherweise sofort gewisse "Fähigkeiten" zugesprochen, die die "Ursache" dieses Verhaltens bilden. Kognitionspsychologische Erklärungen würden also diesen vagen Begriff der "Fähigkeit" präzisieren (siehe auch Kobsa 1982c).

11) Es gibt allerdings auch Stimmen, denen ein Vergleich auf dieser Ebene zu vage ist und die dafür plädieren, die Computermetapher "wortwörtlich" zu nehmen, etwa in dem Sinne, daß der Mensch "Komputationen durchführt" (Pylyshyn 1980).

12) Was nicht selbstverständlich ist: Einen Ornithologen, der den Vogelflug studieren will, brauchen die Arbeiten eines Flugzeugkonstrukteurs überhaupt nicht zu interessieren - und umgekehrt. (Man denke an starre Tragflächen, Düsentriebwerke, etc.)

13) Zur Abgrenzung dieses Forschungsbereichs von der (technischen) Künstlichen-Intelligenz-Forschung wurde früher vielfach der Terminus "Computersimulation in der Psychologie" gebraucht, wobei allerdings kaum ein Unterschied gemacht wurde zwischen Strukturmodellen und bloß funktionsadäquaten Modellen.

14) Diese Fragen werden ausführlicher behandelt in Kobsa (1982a), die beiden letzteren insbesondere auch in Kobsa (1982b u. c). Interessante Überlegungen dazu finden sich gehäuft in Apter (1970), Putnam (1973 u. 1974), Lugg (1974), Sloman (1978), Weizenbaum (1978) und im Sammelband von Ringle (1978).

15) Unter "effektivem" oder "berechenbarem" Verfahren oder auch
    "Komputation" ist hier ein Verfahren zu verstehen, bei dem
    sich zu jedem Zeitpunkt t der Zustand ("Schritt") t+1 als ein-
    deutige Funktion des Zustands und der Eingabe zum Zeitpunkt t
    ergibt.
    Man kann natürlich darauf beharren, daß der Mensch auf einer
    Ebene unterhalb der Modellebene (also der "Modellträger-
    ebene") es "anders macht als der Computer", also etwa auf Ba-
    sis kleinster, nicht weiter zerlegbarer "intelligenter" Ein-
    heiten o. ä. In diesem Fall ist aber - wie schon gesagt - zu-
    mindest gezeigt, daß eine völlig mechanische Realisierung des
    Modells möglich ist, diese Einheiten zur Erklärung des Verhal-
    tens also nicht notwendig sind.
16) Argumente für und wider finden sich etwa bei Pylyshyn (1973 u.
    1976), Kosslyn (1975), Kosslyn & Pomerantz (1977) und Anderson
    (1978).
17) Vergleiche dazu etwa die ausgezeichnete Aufsatzsammlung von
    Dennet (1979a), den Sammelband von Ringle (1978) oder die Dis-
    kussion rund um die Artikel von Pylyshyn (1978 u. 1980),
    Haugeland (1978) und Searle (1980).
18) Das Bauchweh Dennets (1978) ob dieses unglücklich gewählten
    Terminus scheint berechtigt: Gemeint sind natürlich nicht
    empirische Experimente, sondern Experimente am durch den Com-
    puter realisierten konzeptuellen Modell.
19) Einen recht guten deutschsprachigen Überblick über alle diese
    Bereiche geben Wimmer & Perner (1979).
20) Um diese etwas anspruchsvolle Bemerkung etwas verständlicher
    zu machen: Minsky und Papert haben hier offensichtlich die
    Nützlichkeit von Computermodellen als Sprache für die Psycho-
    logie im Auge. Dazu ein Zitat aus Miller (1980, p. 123): "Pa-
    pert (persönliche Mitteilung) unterstrich die Bedeutung, die
    eine zur Darstellung wissenschaftlicher Gesetze geeignete
    Sprache für eine Wissenschaft hat. Nach Papert ist die heutige
    Psychologie in derselben Position wie die Physik zu Zeiten
    Galileis. Der Grund, warum die Physik Fortschritte machen
    konnte, lag teilweise darin, daß die Analysis entwickelt wur-
    de, sodaß der Physik eine zur Beschreibung physikalischer Ge-
    setze adäquate Sprache zur Verfügung stand. Die Psychologie
    wird Fortschritte machen können, sobald ihr eine zur Beschrei-
    bung psychologischer Gesetze geeignete Sprache zur Verfügung
    steht."
21) Zu letzterem siehe Dreyfus (1972 u. 1978). Kritik daran übt
    Pylyshyn (1974).
22) Siehe dazu auch die Antworten von Schank & Wilensky (1977) und
    Winograd (1977) sowie die Repliken von Dresher & Hornstein
    (1977a u. 1977b).
23) Weizenbaum (1978) schreibt diese Bezeichnung Dr. Louis Fein
    zu.
24) Siehe dazu etwa die Arbeiten von Lucas (1961), Benacerraf
    (1967), Boden (1977) und Dennet (1979a). Andere zum Teil über-
    legenswerte Einwände werden von Dreyfus (1972) und Weizenbaum
    (1978) vorgebracht.

Literatur

Anderson, A. R.: Introduction, in: Minds and Machines, hrsg. v. A. R. Anderson, Prentice Hall, Englewood Cliffs, N.J. 1964.

Anderson, J. R.: Arguments Concerning Representations for Mental Imagery, in: Psych. Review, Bd. 85, No. 4, 1978, S. 249 - 277.

Apter, J.: The Computer Simulation of Behavior, Hutchinson, London 1970.

Barr, A. und E. A. Feigenbaum: The Handbook of Artificial Intelligence, Vol. I, W. Kaufmann, Los Altos, CA 1981.

Barr, A. und E. A. Feigenbaum: The Handbook of Artificial Intelligence, Vol. II, W. Kaufmann, Los Altos, CA 1982.

Benacerraf, P.: God, the Devil, and Gödel, in: The Monist, Bd. 51, 1967, S. 9 - 32.

Boden, M. A.: Artificial Intelligence and Natural Man, Harvester, Hassocks, Sussex 1977.

Born, R.: Information und Wirklichkeit. Wissenschaftstheorie als Provokation, in: Informatik und Philosophie, hrsg. v. H. Schauer und M. Tauber, R. Oldenbourg, Wien - München 1981a.

Born, R.: Konditionale - oder: Zur Praxis des irrationalen Argumentierens, in: Conceptus. Zeitschrift für Philosophie, No. 34, 1981b, S. 83 - 100.

Cohen, P. R. und E. A. Feigenbaum: The Handbook ·of Artificial Intelligence, Vol. III, W. Kaufmann, Los Altos, CA 1982

Colby, K. M.: Computer Simulation of a Neurotic Process, in: Computer Simulation of Personality. Frontier of Psychological Research, hrsg. v. S. S. Tomkins und S. Messick, Wiley, New York 1963.

Colby, K. M.: Experimental Treatment of Neurotic Computer Programs, in: Arch. Gen. Psychiatry, Bd. 10, 1964, S. 220 - 227.

Colby, K. M.: Computer Simulation of Change in Personal Belief Systems, in: Behavioral Science, Bd. 12, 1967, S. 248 - 252.

Collins, A.: Why Cognitive Science? in: Cognitive Science, Bd. 1, No. 1, 1977, S. 1 - 2.

Clark, H. H. und E. V. Clark: Psychology and Language, Harcourt - Brace - Jovanovich, New York 1977.

Dennet, D. C.: Why the Law of Effect Will Not Go Away, in: Journal of the Theory of Social Behaviour, Bd. 5, No. 2, 1975, S. 169 - 187. Auch in: D. C. Dennet, Brainstorms. Philosophical Essays on Mind and Psychology (Kap. 5), Harvester, Hassocks, Sussex 1979.

Dennet, D. C.: Artificial Intelligence as Philosophy and Psychology, in: Philosophical Perspectives in Artificial Intelligence, hrsg. v. M. Ringle, Harvester, Brighton, Sussex 1978. Auch in: D. C. Dennet, Brainstorms. Philosophical Essays on Mind and Psychology (Kap. 7), Harvester, Hassocks, Sussex 1979.

Dennet, D. C.: Brainstorms. Philosophical Essays on Mind and Psychology, Harvester, Hassocks, Sussex 1979a.

Dennet, D. C.: The Abilities of Men and Machines, Kap. 13 von: D. C. Dennet, Brainstorms. Philosophical Essays on Mind and Psychology, Harvester, Hassocks, Sussex 1979b.

Dörner, D.: Problemlösen als Informationsverarbeitung, Kohlhammer, Stuttgart 1976.

Dresher, B. E. und N. Hornstein: On Some Supposed Contributions of Artificial Intelligence to the Scientific Study of Language, in: Cognition, Bd. 4, No. 4, 1976, S. 321 - 398.

Dresher, B. E. und N. Hornstein: Reply to Schank and Wilensky, in: Cognition, Bd. 5, No. 2, 1977a, S. 147 - 149.
Dresher, B. E. und N. Hornstein: Reply to Winograd, Cognition, Bd. 5, No. 4, 1977b, S. 379 - 392.
Dreyfus, H. L.: Alchemy and Artificial Intelligence, Report P-3244, Rand Corporation, Santa Monica 1965.
Dreyfus, H. L.: What Computers Can't Do. A Critique of Artificial Reason, Harper & Row, New York etc. 1972.
Dreyfus, H. L.: A Framework for Misrepresenting Knowledge, in: Philosophical Perspectives in Artificial Intelligence, hrsg. v. M. Ringle, Harvester, Brighton, Sussex 1978.
Feigenbaum, E. A.: The Simulation of Verbal Learning Behavior, in: Computers and Thought, hrsg. v. E. A. Feigenbaum und J. Feldman, McGraw-Hill, New York 1963.
Gelernter, H.: Realization of a Geometry-Theorem Proving Machine, in: Computers and Thought, hrsg. v. E. A. Feigenbaum und J. Feldman, McGraw-Hill, New York 1963.
Gödel, K.: Über formal unentscheidbare Sätze der Principia Mathematica und verwandter Systeme, in: Monatshefte Math. Phys., Bd. 38, 1931, S. 173 - 198.
Goldstein, I. und S. Papert: Artificial Intelligence, Language and the Study of Knowledge, in: Cognitive Science, Bd. 1, No. 1, 1977, S. 84 - 123.
Gullahorn, J. T. und J. E. Gullahorn: A Computer Model of Elementary Social Behavior, in: Computers and Thought, hrsg. v. E. A. Feigenbaum und J. Feldman, McGraw-Hill, New York 1963.
Hanson, A. R. und E. M. Riseman (Hrsg.): Computer Vision Systems, Academic Press, New York 1978.
Haugeland, J.: The Nature and Plausibility of Cognitivism, in: The Behavioral and Brain Sciences, Bd. 2, 1978, S. 215 - 260.
Hiller, L. A. und R. Baker: Computer Music, in: Computer Applications in the Behavioral Sciences, hrsg. v. H. Borko, Prentice Hall, N.J. 1962.
Johnson-Laird, P. N.: Mental Models in Cognitive Science, Cognitive Science, Bd. 4, No. 1, 1980, S. 71 - 115.
Kobsa, A.: Computermodelle in der Kognitionspsychologie, Institutsbericht, Institut für Informatik, Universität Linz, 1982a (in Vorbereitung).
Kobsa, A.: On Regarding AI Programs as Theories, in: Cybernetics and Systems Research, hrsg. v. R. Trappl, North-Holland, Amsterdam - New York 1982b.
Kobsa, A.: What is Explained by AI Models? Institutsbericht, Institut für Informatik, Universität Linz, 1982c.
Kobsa, A.: Wissensrepräsentation. Die Darstellung von Wissen im Computer, Österr. Studienges. f. Kybernetik, Wien 1982d.
Kosslyn, S. M.: Information Representation in Visual Images, in: Cognitive Psychology, Bd. 7, No. 3, 1975, S. 341 - 370.
Kosslyn, S. M. und J. R. Pomerantz: Imagery, Propositions and the Form of Internal Representations, in: Cognitive Psychology, Bd. 9, No. 1, 1977, S. 52 - 76.
Lea, W. A. (Hrsg.): Trends in Speech Recognition, Prentice Hall, Englewood Cliffs, N.J. 1980.
Levinson, S. E. und M. Y. Liberman: Speech Recognition by Computer, Scientific American, Bd. 244, No. 4, 1981, S. 56 - 68.
Loehlin, J. C.: Computer Models of Personality, Random House, New York 1968.
Lucas, J. R.: Minds, Machines and Gödel, in: Philosophy, Bd. 36, 1961. Reprint in: Minds and Machines, hrsg. v. A. R. Ander-

son, Prentice Hall, Englewood Cliffs, N.J. 1964.

Lugg, A.: Putnam on Reductionism, in: Cognition, Bd. 3, No. 3, 1974, S. 289 - 293.

Metzler, J. und R. N. Shepard: Transformational Studies of the Internal Representation of Three-Dimensional Objects, in: Theories of Cognitive Psychology. The Loyola Symposium, hrsg. v. R. L. Solso, Erlbaum, Potomac 1974.

Miller, L.: Has Artificial Intelligence Contributed to an Understanding of the Human Mind? A Critique of Arguments For and Against, in: Cognitive Science, Bd. 4, No. 2, 198o, S. 111 - 127.

Minsky, M. (Hrsg.): Semantic Information Processing, MIT Press, Cambridge, Mass. 1968.

Minsky, M.: A Framework for Representing Knowledge, in: The Psychology of Computer Vision, hrsg. v. P. H. Winston, McGraw-Hill, New York 1975.

Minsky, M. und S. Papert: Artificial Intelligence Progress Report. MIT AI-Memo No. 252, 1972.

Moyer, R. S.: Comparing Objects in Memory. Evidence Suggesting an Internal Psychophysics, in: Perception and Psychophysics, Bd. 13, 1973, S. 180 - 184.

Newell, A.: Artificial Intelligence and the Concept of Mind, in: Computer Models of Thought and Language, hrsg. v. R. C. Schank und K. M. Colby, W. H. Freeman, San Francisco 1973.

Newell, A. und H. Simon: Human Problem Solving, Prentice Hall, Englewood Cliffs, N.J. 1972.

Nilsson, N. J.: Problem Solving Methods in Artificial Intelligence, McGraw-Hill, New York 1971.

Nilsson, N. J.: Artificial Intelligence (Invited Paper), in: Information Processing 74, North-Holland, Amsterdam 1974.

Nilsson, N. J.: Principles of Artificial Intelligence, Tioga, Palo Alto, CA 198o.

Norman, D. A.: Twelve Issues for Cognitive Science, in: Cognitive Science, Bd. 4, No. 1, 1980, S. 1 - 32.

Papert, S.: Theory of Knowledge and Complexity, in: Process Models for Psychology. Lecture Notes of the NUFFIC International Summer Course 1972, hrsg. v. G. J. Dalenoort, Rotterdam University Press, 1973.

Putnam, H.: Reductionism and the Nature of Psychology, in: Cognition, Bd. 2, No. 1, 1973, S. 131 - 146.

Putnam, H.: Reply to Lugg, in: Cognition, Bd. 3, No. 3, 1974, S. 295 - 298.

Pylyshyn, Z. W.: What the Mind's Eye Tells the Mind's Brain. A Critique of Mental Imagery, in: Psychological Bulletin, Bd. 80, 1973, S. 1 - 24.

Pylyshyn, Z. W.: Minds, Machines and Phenomenology. Some Reflections on Dreyfus' "What Computers Can't Do", in: Cognition, Bd. 3, No. 1, 1974, S. 57 - 77.

Pylyshyn, Z. W.: Imagery and Artificial Intelligence, in: Minnesota Studies in the Philosophy of Science, hrsg. v. W. Savage, Bd. 9, University of Minnesota Press, Minneapolis 1976.

Pylyshyn, Z. W.: Computational Models and Empirical Constraints, in: The Behavioral and Brain Sciences, Bd. 1, 1980, S. 93 - 127.

Pylyshyn, Z. W.: Computation and Cognition. Issues in the Foundations of Cognitive Science, in: The Behavioral and Brain Sciences, Bd. 3, 1980, S. 111 - 169.

Ramaseder, J.: Grammatikalische Sprachumformungen mit dem lernenden Programm "Gramm", unveröff. technisch-naturwissenschaftliche Diplomarbeit, Institut für Informatik, Universität Linz, 1978.

Raphael, B.: The Thinking Computer. Mind Inside Matter, W. H. Freeman, San Francisco 1976.

Reichl, R.: Computermodelle zum menschlichen Gedächtnis, in: Informatik und Psychologie, hrsg. v. H. Schauer und M. J. Tauber, Oldenbourg, Wien - München 1982.

Reitman, W.: Cognition and Thought. An Information-Processing Approach, Wiley, New York 1965.

Ringle, M. (Hrsg.): Philosophical Perspectives in Artificial Intelligence, Harvester, Brighton, Sussex 1978.

Samuel, A. L.: Some Studies in Machine Learning Using the Game of Checkers, in: Computers and Thought, hrsg. v. E. A. Feigenbaum and J. Feldman, McGraw Hill, New York 1963.

Schank, R. C.: Conceptual Dependency: A Theory of Natural Language Understanding, in: Cognitive Psychology, Bd. 3, No. 4, 1972, S. 552 - 631.

Schank, R. C.: Natural Language, Philosophy and Artificial Intelligence, in: Philosophical Perspectives in Artificial Intelligence, hrsg. v. M. Ringle, Harvester, Brighton, Sussex 1978.

Schank, R. C. und R. P. Abelson: Scripts, Plans, Goals and Understanding, Erlbaum, Hillsdale, N.J. 1977.

Schank, R. C. und R. Wilensky: Response to Dresher and Hornstein, Cognition, Bd. 5, No. 2, 1977, S. 133 - 145.

Searle, J. R.: Minds, Brains and Programs, in: The Behavioral and Brain Sciences, Bd. 3, 1980, S. 417 - 457.

Sloman, A.: The Computer Revolution in Philosophy. Philosophy, Science and Models of Mind, Harvester, Hassocks, Sussex 1978.

Turing, A. M.: Computing Machinery and Intelligence, Mind, Bd. 59, 1950, S. 433 - 460. Reprint in: Computers and Thought, hrsg. v. E. A. Feigenbaum und J. Feldman, McGraw-Hill, New York 1963.

v. Neumann, J.: The Computer and the Brain, Yale Univ. Press, New Haven 1958.

Weizenbaum, J.: Die Macht der Computer und die Ohnmacht der Vernunft, aus dem Englischen übertragen von U. Rennert, Suhrkamp, Frankfurt/M. 1978.

Wettler, M.: Sprache, Gedächtnis, Verstehen, De Gruyter, Berlin - New York 1980.

Wimmer, H. und J. Perner: Kognitionspsychologie. Eine Einführung, W. Kohlhammer, Stuttgart etc. 1979.

Winograd, T.: On Some Contested Suppositions of Generative Linguistics about the Scientific Study of Language. A Response to Dresher and Hornstein's "On Some Supposed Contributions of Artificial Intelligence to the Scientific Study of Language", in: Cognition, Bd. 5, No. 2, 1977, S. 151 - 179.

Winograd, T.: Language as a Cognitive Process, Addison-Wesley, Reading, Mass. (Bd. 1 erschien 1982.)

Winston, P. H.: Learning Structural Descriptions From Examples, MIT AI-Memo TR-231, 1970. Revidierte Version in: The Psychology of Computer Vision, hrsg. v. P. H. Winston, McGraw-Hill, New York 1975.

6 Sprachverstehen in der Artificial Intelligence

Ernst Buchberger

<u>Motto</u>

"Wohlan wir wollen hinabsteigen und dort ihre Sprache verwirren, so daß keiner die Sprache des anderen versteht."

(Gen 11,7)

6.1 Begriffserklärung

Die Problematik des Sprachverstehens existiert gleichsam seit biblischen Zeiten.   Unser Zeitalter bietet in Form des Computers ein mächtiges Werkzeug zur Lösung vielfältiger Aufgaben.   Es erscheint daher naheliegend, den Computer auch zur Bewältigung dieses Problemkreises einzusetzen.

Wir wollen im folgenden unter **"Sprache"** geschriebene Sprache ("language" im Gegensatz zu "speech") verstehen. Damit ist das Problem der Ein- und Ausgabe zu einem trivialen reduziert: Eingegeben wird an einem Terminal mit schreibmaschinenähnlicher Tastatur, die Ausgabe erfolgt ebendort auf einem Bildschirm.

Nicht trivial hingegen ist der Begriff des **"Verstehens"**.   So schreibt etwa der Duden (1970):
- Verstehen ... Sinn und Bedeutung (von etwas) erfassen,
                begreifen
- Erfassen ... verstehen, begreifen
- Begreifen ... geistig erfassen, verstehen

Das   hilft   uns   zunächst   nicht   weiter.   Der   weitverbreiteten Meinung, ein Computer könne nie in der Lage sein, natürliche Sprache zu verstehen, liegt meist folgender Verstehensbegriff zugrunde: Verstehen ist die Fähigkeit des Menschen ... In diesem Sinne ist die obige Aussage eine Tautologie und sagt nicht viel aus. Die AI zieht sich aus diesen Problemen zurück, indem sie einen **prozeduralen Verstehensbegriff** wählt.

Werfen wir zum besseren Verständnis einen kurzen Seitenblick auf einen Aspekt, den wir später noch ausführlicher behandeln wollen: Für welche Anwendungen werden sprachverstehende Systeme herangezogen? Die Aufgabenbereiche sind vielfältig: Es gibt Systeme, die Dialoge führen (Haegglund und Hein 1981), andere, die Übersetzungen durchführen (Slocum 1985), wieder andere, die Fragen beantworten (Lehnert 1978), einfache Befehle ausführen (Winograd 1972), eingegebene Sätze in eigenen Worten paraphrasieren (McKeown 1979) oder Zusammenfassungen von Texten liefern (Cullingford 1978). Die AI sieht nun Verstehen als die erfolgreiche Erfüllung einer dieser Aufgaben an. Wer mit dieser Definition nicht einverstanden ist, möge etwa die Analogie einer Prüfung betrachten: der Prüfling erlangt eine positive Note, wenn er die an ihn gerichteten Fragen richtig beantwortet. Der Prüfer nimmt dann an, daß er den Stoff verstanden hat. Eine zusätzliche Bedingung ist allerdings zu stellen: Angenommen, ein System gäbe auf jede Frage dieselbe, wenn auch eloquente, Antwort. Wenn beim ersten Mal eine zu dieser Antwort passende Frage gestellt wird, ist der Benutzer beeindruckt. Er durchschaut den Schwindel aber bei der nächsten Frage. Es wird also gefordert, daß die Antwort auf nichttriviale Weise gefunden werden muß. Nach heutiger Auffassung ist hiebei ein wesentliches Element die adäquate interne Darstellung der Äußerungen des Benutzers. Die Abbildung in diese interne Repräsentation wird im folgenden als Analyse bezeichnet.

6.2 Probleme bei der Analyse natürlicher Sprache

Welche Probleme treten bei der Analyse natürlichsprachiger Sätze auf? Hier wäre zunächst die **Ambiguität** von Wörtern zu nennen, man denke etwa an "Mutter", "annehmen", etc. Aber nicht nur Wörter, auch Sätze können mehrdeutig sein (Boguraev 1979, Steinacker et al. 1982).

Hier gibt es unzählige Beispiele, ein klassisches ist wohl "I saw the man on the hill with a telescope" (Waltz 1981), das u.a. folgende Interpretationen zuläßt:
- Ich schaute durch ein Fernrohr und sah auf diese Weise den Mann

auf dem Hügel.

- Ich sah den Mann auf dem Hügel. Er hatte ein Fernrohr bei sich.
- Ich sah den Mann auf dem Hügel, auf dem ein (astronomisches) Teleskop, dh. Observatorium, steht.

Diese Lösungen klingen mehr oder weniger plausibel. Wenn man berücksichtigt, daß "saw" nicht nur Imperfekt von "to see" ("sehen") sondern auch Präsens von "to saw" ("sägen") sein kann, erhält man zusätzlich noch unplausible Lösungen. Es stellt sich allerdings die Frage, wie ein Plausibilitätskriterium für den Computer zu formulieren sei.

Eines der wichtigsten Probleme ist die Wahl einer geeigneten **internen Repräsentation** für die Äußerungen des Benutzers sowie für Umweltwissen des Systems. Zwischen beiden besteht insofern ein enger Zusammenhang, als sich der Benutzer sprachlich auf seine Umwelt bezieht und Wissen darüber beim System voraussetzt. Durch dieses Umweltwissen wird der Computer also befähigt, sich den Erwartungen des Benutzers gemäß zu verhalten. (In typischen menschlichen Äußerungen ist zumeist eine Vielzahl impliziter Annahmen vorhanden, die vom System erst durch Inferenzprozesse hergeleitet werden müssen.)

Schwierigkeiten bereitet außerdem die Behandlung von **Metaphern** bzw. übertragenen Bedeutungen, wie etwa in dem Satz "Die Regierung tritt zurück". Näheres hiezu findet sich bei Carbonell (1982) sowie Fass und Wilks (1983).

Fragen der **Referenzauflösung** wird schon seit einiger Zeit größeres Augenmerk zugewendet (Sidner 1979). Zur Verringerung der Redundanz und als Mittel zur Herstellung von Textkohärenz (Zusammenhang aufeinanderfolgender Sätze) bedient sich die Sprache der Anaphern, d.s. sprachliche Einheiten, die sich auf Elemente des vorangegangenen Kontexts beziehen, wie etwa Pronomina (er, sie, ...) oder Pro-Adverbiale (darauf, dorthin, ...) (Bußmann 1983). Für den Computer ergibt sich das Problem festzustellen, welcher Begriff durch die jeweilige Anapher vertreten wird. Folgender Satz kann als Beispiel dienen: "Ich kaufte Wein, setzte mich auf einen Sessel und trank ihn". Eine simple Heuristik, etwa das letzte in Casus, Genus und Numerus passende Nomen zu verwenden, schlägt hier fehl. Stattdessen führt eine semantische Methode, bei der das Bezugsobjekt mittels Selektionsrestriktionen gefunden werden kann, zum Ziel: Zur korrekten Interpretation unseres Beispiels genügt es, beim Lexikoneintrag für "trinken" zu vermerken, daß nur Flüssigkeiten als Objekt in Frage kommen. Dadurch wird der Sessel ausgeschlossen und "ihn" korrekt auf den Wein bezogen. Die Methode der Selektionsrestriktionen versagt bei folgendem Beispiel: "Die Soldaten schossen auf die Demonstranten und viele von ihnen fielen". Hier können nur Inferenzregeln Abhilfe schaffen.

Ein weiteres Problem ist das der Behandlung **indirekter Sprechakte**, wie etwa im folgenden Beispiel: "Kannst Du mir sagen, wann der nächste Zug nach Wien fährt?" - (inkorrekte Reaktion des Computers:) "Ja." Was hier syntaktisch wie eine Frage aussieht, ist als Aufforderung zu verstehen. Abhilfe könnte in diesem und anderen Fällen ein Dialogpartnermodell schaffen, das über Ziele und Absichten des Gesprächspartners informiert ist (Kobsa et al. 1983).

6.3 Ziele und Vorgangsweise beim Sprachverstehen

Die **Motivation**, die der Entwicklung sprachverstehender Systeme zugrundeliegt, ist eine zweifache: Die zunehmende Verbreitung des Computers bedingt den Wunsch nach einfacher Handhabbarkeit desselben. Ein Ziel besteht nun darin, insbesondere dem gelegentlichen Benutzer von Computersystemen den Umgang mit diesen zu erleichtern. Das zweite Ziel, das verfolgt wird, ist, durch Simulation von Sprach"verstehen" auf dem Computer Einblick in die Funktionsweise des menschlichen Sprachverstehensprozesses zu erhalten.

Die **Strategie**, die dabei gewählt wird, hängt von der jeweils als maßgebender betrachteten Zielsetzung ab. Tennant (1981) unterscheidet im wesentlichen zwei Strategien: die "isolated phenomenon strategy", bei der ein Phänomen losgelöst von seiner Umgebung untersucht wird, und die "entire system strategy", bei der das Verhalten eines Gesamtsystems untersucht wird. Es versteht sich von selbst, daß beide Strategien ihre Vor- und Nachteile haben. Die erste leidet per definitionem an einer mangelnden Berücksichtigung des Kontexts, dem das Phänomen entstammt, erlaubt aber eine detailliertere Untersuchung des betrachteten Phänomens. Die zweite betrachtet zwar den Kontext, kann dafür aber nicht auf alle Teilprobleme mit gleicher Genauigkeit eingehen.

Die in der Forschung auf dem Gebiet des Sprachverstehens mit Hilfe von Computern verwendete **Methode** läßt sich, etwas vereinfachend, folgendermaßen skizzieren: eine Theorie wird entwickelt, programmiert, ihre Fehler, die sich bei der Durchführung des Programms zeigen, studiert und letzten Endes revidiert, wobei der Zyklus von vorne beginnt. Allerdings müssen nicht alle "Fehler" zwangsläufig zu einer Revision der Theorie führen, so ist etwa zu unterscheiden zwischen Fehlern, die infolge fehlender Daten (etwa Unvollständigkeit des verwendeten Lexikons) auftreten und solchen, die auf Phänomene zurückzuführen sind, die von der getesteten Theorie nur mangelhaft beschrieben werden.

Eine detaillierte Behandlung der beim Sprachverstehen Anwendung findenden Verfahren sowie ihres Bezugs zur Linguistik würde den Rahmen dieses Artikels sprengen. Der interessierte Leser sei auf Winograd (1983) verwiesen.

6.4 Geschichte sprachverstehender Systeme

In den 40er Jahren beschäftigte man sich im Rahmen der Computational Linguistics damit, mit Hilfe des Computers Wortindizes und Konkordanzen (erweiterte Indizes, bei denen neben Wort und Fundstelle auch die Wortumgebung angegeben wird) zu erstellen. 1949 schlug Warren Weaver vor, den Computer zur "solution of world-wide translation problems" einzusetzen (Weaver 1955). Der Vorgang der Übersetzung erfolgte damals in Form einer Wort-für-Wort-Übertragung von der Ausgangs- in die Zielsprache; die Erfolge waren dementsprechend bescheiden.

Winograd (1972) teilt die nun folgenden AI-Systeme in vier historische Kategorien ein: in die erste Gruppe fallen Systeme wie Greens BASEBALL (Green et al. 1963), Lindsays SAD-SAM (Lindsay 1963), Bobrows STUDENT (Bobrow 1968) und Weizenbaums ELIZA (Weizenbaum 1966). Diese Systeme waren dadurch gekennzeichnet, daß sie einfache Frage- und Aussagesätze als Eingabe akzeptierten; das Programm suchte in diesen Sätzen nach Schlüsselwörtern oder bestimmten Mustern. Das Einsatzgebiet war beschränkt, wodurch domänenspezifische Heuristiken angewendet werden konnten. Diese Systeme berücksichtigten viele Aspekte natürlicher Sprache nicht oder nur mangelhaft, es lag kein "Verstehen" im heutigen Sinn vor.

Eine zweite Gruppe umfaßte Systeme wie PROTOSYNTHEX-I von Simmons,Burger und Long (1966) und SEMANTIC MEMORY von Quillian (1968). Diese Systeme speicherten im wesentlichen den Eingabetext selbst in ihrer Datenbank und verwendeten verschiedene Index-schemata, um bestimmte Worte oder Phrasen aufzufinden.

Mitte der 60er Jahre entstanden Systeme wie Raphaels SIR (Raphael 1968), Quillians TLC (Quillian 1969), Thompsons DEACON (Thompson 1966) sowie Kelloggs CONVERSE (Kellogg 1968). Diese Systeme verwendeten bereits eine formale Notation zur Darstellung des Wissens in ihrer Datenbank. Die Systeme zielten darauf ab, Inferenzen über der Datenbank durchzuführen, um Antworten auf Fragen geben zu können, bei denen die gewünschte Information nicht explizit in der Datenbank gespeichert war. Die Inferenzen waren allerdings noch ziemlich eingeschränkt.

Die vierte Gruppe schließlich umfaßt die sogenannten wissens-basierten Systeme (Knowledge Based Systems). Ihre Entstehung hängt eng mit der AI-Forschung auf dem Gebiet der Wissens-repräsentation (siehe Kobsa 1982) zusammen.

Nach diesem kurzen Überblick sei auf einige frühe AI-Systeme näher eingegangen.

6.4.1 Frühe sprachverstehende Systeme

Diese Systeme gingen von der Prämisse aus, daß die in natürlich-sprachigen Äußerungen enthaltene syntaktische Information ausreiche, um etwa Fragen beantworten zu können.

SAD-SAM wurde von Lindsay (1963) am Carnegie Institute of Technology entwickelt. Das Programm war in der Lage, Verwandtschaftsbeziehungen, die in natürlicher Sprache eingegeben worden waren, in einer Datenbank abzuspeichern und Fragen darüber zu beantworten. Es bediente sich dazu einer kontextfreien Grammatik, die etwa 1700 englische Wörter akzeptierte und extrahierte aus den Eingabesätzen lediglich die für Beantwortung von Fragen über Verwandtschaftsbeziehungen relevante Information.

Ebenfalls in den frühen 60er Jahren entstand in den Lincoln Laboratories das Programm **BASEBALL** (Green et al. 1963), das Fragen über Baseballspiele beantworten konnte. Die Eingabesätze wurden mit Hilfe von Schlüsselwörtern in eine kanonische Form transformiert, die die wesentlichen Elemente der Frage wiedergab. Die Antwort wurde durch Mustervergleich (pattern matching) gefunden.

SIR (Semantic Information Retrieval) wurde von B.Raphael am MIT entwickelt (Raphael 1968). Es sammelt Informationen und führt Deduktionen durch, um Fragen beantworten zu können. Dazu verwendet es 24 Muster der folgenden Art: * is *, * is part of *, etc. * kann hiebei durch Substantiva mit oder ohne Artikel resp. Zahlwörtern ersetzt werden.

Ein weiteres MIT-Programm, **STUDENT**, wurde von Bobrow entwickelt (Bobrow 1968). Student löst Textgleichungen der Art "If the number of customers Tom gets is twice the square of 20 per cent of the number of advertisements he runs, and the number of advertisements he runs is 45, what is the number of customers Tom gets?" STUDENT transformiert den Eingabetext mit Hilfe vorgegebener Muster in Gleichungen, die dann vom System gelöst werden.

Eines der bekanntesten Programme, die sich mit der Verarbeitung natürlicher Sprache beschäftigen, ist wohl **ELIZA**, geschrieben 1966 von Weizenbaum am MIT (Weizenbaum 1966). ELIZA spielt die Rolle eines Gesprächstherapeuten in einem Dialog mit dem Benutzer. Das Programm verwendet Listen von Schlüsselwörtern, die zu jedem Schlüsselwort typische Muster beinhalten, sowie Transformations-regeln, mit deren Hilfe der Eingabesatz zu einem Ausgabesatz umgeformt werden kann. Wenn vor einem Satzzeichen kein Schlüssel-wort gefunden wird, wird der Satzteil bis zum Satzzeichen gelöscht. Wenn mehrere Schlüsselwörter auftreten, werden sie in einem Stapel nach bestimmten Präferenzregeln gespeichert. So kann etwa geprüft werden, ob der Eingabesatz dem Muster " * I * depressed * " entspricht (* steht hier für eine beliebige Anzahl von Wörtern). Ist dies der Fall, wird die Antwort besser ausfallen als wenn nur das sehr allgemeine Muster (* I *) Anwendung findet, da der Computer im ersten Fall "weiß", daß der Benutzer über seine Depressionen spricht, während der zweite Fall eine beliebige Aussage des Benutzers über sich selbst darstellt. Falls einmal überhaupt kein Schlüsselwort auftritt, wird zu Standardphrasen wie "Please go on", "I see" und dergleichen Zuflucht genommen. ELIZA ist ein klassisches Beispiel dafür, wie mit gut überlegten, aber einfachen Methoden Verstehen vorgetäuscht werden kann.

Zusammenfassend kann gesagt werden, daß diese frühen Systeme einfache syntaktische Muster mit Hilfe von **Pattern Matching** verarbeiten konnten; das semantische Wissen war implizit in Mustern und ad hoc Regeln vorhanden. Von einer Wissens-repräsentation im heutigen Sinn war bei ihnen noch keine Rede.

6.4.2 Sprachverstehende Systeme der 70er und 80er Jahre

Vor der Darstellung einzelner Systeme soll zunächst noch kurz auf einige häufig vorkommende Grundbegriffe eingegangen werden: Ausgegangen wird davon, daß an einem Terminal ein natürlichsprachiger Text eingegeben wird. Dieser Text wird sodann vom System analysiert, man spricht auch von **Parsing**. Parser, die als Ergebnis syntaktische Strukturen (meist Ableitungsbäume) liefern, heißen syntaktische Parser (manchmal ungenau nur als Parser bezeichnet). Für die vollständige Analyse ist allerdings neben syntaktischem auch semantisches und pragmatisches Wissen erforderlich. Unter letzterem ist Wissen über die Relation zwischen natürlichsprachigen Ausdrücken und ihren spezifischen Verwendungssituationen zu verstehen (Bußmann 1983).

Für die Darstellung des semantisch-pragmatischen Wissens wurden unterschiedliche Möglichkeiten vorgeschlagen. Zu den bekanntesten Varianten zählen etwa die Conceptual Dependency Theory Roger Schanks (1975, s.u.), Frames (Roberts, Goldstein 1977) sowie Semantische Netze (Findler 1979, Trost 1984). Falls das betrachtete System ein Datenbankinterface darstellt, kann die interne Repräsentation des Eingabetextes auch ein Ausdruck in einer Datenbankabfragesprache sein, der dann nur mehr exekutiert werden muß (etwa Woods et al. 1972, s.u.). Andernfalls kann nun die interne Repräsentation des Eingabetexts in anderer Weise weiterverarbeitet werden: es können **Inferenzmechanismen** in Aktion treten, die implizit im Text vorhandene Information erschließen, und, falls es sich um ein Auskunfts- oder auch um ein Dialogsystem handelt, kann eine **Antwort erzeugt** werden, die, je nach Systemphilosophie, entweder direkt als Ergebnis eines Problemlösevorgangs entsteht (Appelt 1980) oder in einem zweistufigen Prozeß gebildet wird, wobei der erste Teil die Antwort konzeptuell konstruiert, der zweite Teil diese Antwort nun auf Worte in natürlicher Sprache abbildet (McKeown 1982).

Die nun folgende Darstellung verschiedener Systeme soll keinen Anspruch auf Vollständigkeit erheben, sie soll lediglich exemplarisch einige Möglichkeiten sprachverarbeitender Systeme aufzeigen.

Ein System aus dem Umfeld der Psychologie ist Colbys **PARRY** (Colby 1975), das das Verhalten eines Paranoikers simuliert. Obwohl dieses Programm nicht als "knowledge based" im heutigen Sinn bezeichnet werden kann (es arbeitet vornehmlich mit Pattern Matching und domänenspezifischen Heuristiken), erzielt es sehr eindrucksvolle Resultate. Protokolle von Gesprächen mit PARRY wurden Psychiatern vorgelegt, die, ohne zu wissen, daß es sich um ein Computerprogramm handelt, die Diagnose Paranoia stellten. Das Programm profitiert sehr von der Tatsache, daß es für Paranoiker symptomatisch ist, auf gewisse Fragen ausweichende Antworten zu geben sowie auf Reizworte in mechanischer Art zu reagieren. Trotzdem ist es eines der bekanntesten Systeme, dem noch dazu zugute gehalten werden muß, daß es bisher das einzige ist, das einen (modifizierten) Turing-Test bestanden hat (Heiser et al. 1980), insofern, als Psychiater, denen Protokolle von Gesprächen zwischen PARRY und einem Arzt vorgelegt wurden, keine Zweifel daran hatten, daß PARRY ein Mensch ist. Anmerkung: Der vom britischen Mathematiker Alan Turing 1950 vorgeschlagene und nach ihm benannte (Original-)Turing-Test, der als Kriterium für die Intelligenz von Computern dienen soll, verläuft wie folgt: Ein Interviewer stellt Fragen an einen Mann sowie eine Frau, die von ihm räumlich getrennt sind (die Kommunikation erfolgt etwa über einen Fernschreiber). Der Interviewer weiß nicht, wer von beiden der Mann und wer die Frau ist, seine Aufgabe besteht darin, es herauszufinden. Aufgabe der Frau ist es, dem Interviewer bei der Lösung dieses Problems zu helfen, der Mann hingegen versucht, den Interviewer in die Irre zu führen (es ist ihm auch erlaubt zu lügen). Turing weist nun darauf hin, daß dieses Spiel anstatt mit einem Mann und einer Frau auch mit einem Computer und einem Menschen gespielt werden könnte. Die Frage, ob der Interviewer bei der Entscheidung, wer der Computer und wer der Mensch ist, genauso oft falsch raten würde wie bei der Lösung des ursprünglichen Problems, wer der Mann und wer die Frau ist, ersetzt nun für Turing die Frage, ob Maschinen denken können (Turing 1950).

Ein gänzlich anderes System ist **LUNAR**, das 1972 von Woods entworfen wurde (Woods et al. 1972). Es diente dazu, Geologen den natürlichsprachigen Zugriff auf eine Datenbank zu ermöglichen, in der die im Rahmen der Apollo-11 Mission erhobenen Daten von Mondgestein gespeichert waren. LUNAR arbeitet also als Datenbank-abfragesystem, wobei die gestellten Fragen aus dem Englischen in eine formale Sprache übersetzt und die derart erzeugten Befehle dann ausgeführt werden. Das System verarbeitet Anfragen in einem dreistufigen Verfahren:
- Syntaktische Analyse
- Semantische Interpretation
- Ausführung des erzeugten Suchbefehls in der Datenbank

Bei der syntaktischen Analyse wird eine **ATN-Grammatik** (Augmented Transition Network) verwendet, sowie heuristische Information, um den wahrscheinlichsten Ableitungsbaum zu erzeugen. Der Begriff der ATN wurde von Woods (1969) eingeführt. Diese Methodik verbreitete sich sehr rasch und zählt heute - in verschiedenen Abwandlungen - zum "Standardrepertoire" der AI-Methoden im Sprach-verstehen (Bates 1978, Bolc 1983). Die semantische Interpretation erzeugt eine Repräsentation der Bedeutung der Frage in einer formalen Datenbank-Abfragesprache. Die Ausführung des Suchbefehls erbringt die gewünschte Antwort (auf eine spezielle natürlich-sprachige Ausgabekomponente kann verzichtet werden).

Winograds **SHRDLU** (1972) ist ein Programm, das in einer Spielzeugwelt (aus Schachteln, Kugeln, Blöcken und Pyramiden bestehend) in natürlicher Sprache gegebene Befehle durchführen sowie Fragen beantworten kann. Ein typischer Befehl wäre etwa: "Put the green pyramid on the block in the box". Die Ambiguität dieses Satzes wird dadurch gelöst, daß das Programm den derzeitigen Zustand seiner Welt kennt und entsprechend reagiert. Unter den Fragen, die vom System beantwortet werden können, sind vor allem Wann-, Wie- und Warum-Fragen zu nennen. Die Beantwortung der Fragen wird dadurch ermöglicht, daß das System seine Ziele und Aktionen in Form eines Baumes speichert, der dann in geeigneter Weise ausgegeben wird. Wesentlich ist die prozedurale Vorgangsweise: Bedeutung wird verstanden als die jeweils auszuführende Prozedur.

An der Yale Universität wurden und werden seit einigen Jahren verschiedene sprachverstehende Programme entwickelt, die auf der von Schank und Abelson aufgestellten **Conceptual Dependency (CD) Theory** (Schank 1975) aufbauen. CD ist eine Form der Wissensrepräsentation, die von einer geringen Anzahl semantischer Primitiva (in der Version von 1977: 11) und einer fixen Anzahl von Relationen unter diesen ausgeht.

Semantische Primitiva sind etwa:
- PTRANS: Physischer Transfer (Ortsveränderung) eines Objekts
- PROPEL: Ausübung einer physischen Kraft auf ein Objekt
- MTRANS: Übertragung von Information

An Relationen sind zu nennen: Objekt, Richtung, Instrument, Ergebnis u.a. Weiters existieren primitive Zustände, die Werte auf einer eindimensionalen Skala annehmen. Die Analyse eines Satzes besteht nun aus der Abbildung des Satzes in die CD-Form. Hiebei ist wesentlich, daß die Konzeptualisierung eines Satzes Elemente enthält, die im Eingabesatz nicht explizit erwähnt wurden. So kommt etwa in der Repräsentation des Satzes "John ißt Eiscreme mit einem Löffel" der Mund von John vor, in den die Eiscreme hineinbefördert wird. Dies ist ein wesentlicher Unterschied zu Systemen, die lediglich syntaktische Ableitungsbäume erzeugen. Zusätzlich werden durch Inferenzen weitere Informationen bereitgestellt. Eine genaue Spezifikation verschiedener Klassen von Inferenzen ist in Rieger (1974) zu finden.

Um Probleme zu lösen, die bei der Behandlung größerer zusammenhängender Texte auftreten, wurden Systeme geschaffen, die das System **ELI**, das im obigen Sinn funktioniert, als Subsystem inkorporieren. Eines dieser Systeme ist **SAM** (Script Applier Mechanism). Zugrunde liegt die Idee, daß viele Handlungen im menschlichen Leben stereotyp ablaufen, sodaß, wenn von einer bestimmten Handlung gesprochen wird, viele Elemente der Handlung unerwähnt bleiben können, da sie als implizit gegeben angenommen werden. Schank schlug nun vor, solche Handlungen gewissermaßen als Drehbuch **(Script)** zu formulieren, sodaß das System, sobald ein

Script aktiviert wurde, gewisse Elemente der Handlung voraussehen bzw. als Default annehmen kann. Ein Beispiel wäre etwa das Restaurant-Script, das aus folgenden Einzelereignissen besteht: Kunde geht ins Restaurant, sucht freien Tisch, setzt sich, erhält Speisekarte, wählt Essen aus, bestellt, ißt, zahlt und geht. Wenn nun in einer Erzählung erwähnt wird, daß John ins Restaurant geht, und anschließend gefragt wird, ob John sein Essen wohl bezahlt hat, kann das System ziemlich sicher annehmen, daß dies der Fall war, falls nicht explizit das Gegenteil behauptet. wurde oder Tatsachen vorliegen, die dies unwahrscheinlich machen würden (etwa angebranntes und aus diesem Grund ungenießbares Essen). Schwierigkeiten hat das System vor allem mit nicht abgeschlossenen Handlungsabläufen, ein weiteres Problem ist, daß für jeden zu erwartenden stereotypen Handlungsablauf im vorhinein ein Script im System abgespeichert sein muß.

Ein System, das diesen Nachteil nicht aufweist, ist **PAM** (Plan Applier Mechanism). Der Vorteil, auf gespeicherte Scripts verzichten zu können, wird allerdings durch die Notwendigkeit erkauft, Baumstrukturen zur Verfolgung von Plänen dynamisch erstellen zu müssen. PAM wurde von Wilensky (1978) entwickelt und basiert auf der Idee, daß eine Erzählung dadurch verstanden werden kann, daß die Ziele der handelnden Personen erkannt werden und mit Methoden (Plänen) zur Erreichung dieser Ziele in Einklang gebracht werden. PAM verwendet zwei Arten von Wissensstrukturen: Pläne und Themen. Ein Plan ist eine Menge von Aktionen und Subzielen, die zur Erreichung eines (Haupt-)Ziels notwendig sind. Themen bewirken die Instantiierung von Zielen. PAM liest englische Eingabesätze, übersetzt sie in CD-Form und interpretiert sie in Hinblick auf Ziele und Aktionen. Anschließend kann die Geschichte kurz zusammengefaßt beziehungsweise Fragen beantwortet werden.

Interessant ist das von Hendrix (1977) entwickelte System **LIFER**, das dazu verwendet wird, sprachverstehende Programme zu entwickeln. Es handelt sich also um ein Metasystem, das im wesentlichen aus zwei Teilen besteht: Funktionen zur Spezifikation einer Sprache und einem Parser zur Analyse dieser Sprache. LIFER erzeugt mit Hilfe der Angaben des Benutzers eine Grammatik für die gewünschte Domäne, wobei großer Wert auf

Benutzerfreundlichkeit gelegt wurde.   So gibt es Algorithmen zur Korrektur von Rechtschreibfehlern, die Möglichkeit, Paraphrasen zu definieren, und Verfahren zur Behandlung elliptischer Sätze.

Eines der eindrucksvollsten Beispiele von Dialogsystemen aus der letzten Zeit ist das System **HAM-ANS** (Hoeppner, Marburger 1983), der Nachfolger von HAM-RPM (Hahn et al. 1980). Es ist in der Lage, Dialoge in deutscher Sprache über drei verschiedene Anwendungsbereiche zu führen. So tritt es etwa als Hotelmanager auf, der versucht, einem Kunden ein Zimmer schmackhaft zu machen. Es weiß über Standarderwartungen, die ein durchschnittlicher Hotelkunde an ein Zimmer stellt, Bescheid, und versucht, die Eigenschaften des Zimmers beim Kunden in ein möglichst gutes Licht zu rücken.

Auch das in Österreich entwickelte Dialogsystem **VIE-LANG** verwendet Deutsch als Interaktionssprache (Buchberger et al. 1982).   Seine Vorzüge sind die Verwendung eines Semantischen Netzes als Wissensbasis und ein integriertes semantisch-syntaktisches Parsing.

Zusammenfassend kann von den beschriebenen Systemen gesagt werden, daß sie im allgemeinen wesentlich stärker semantisch orientiert sind als die frühen Systeme und daß ihr "Verstehen" in hohem Maße von der zugrundeliegenden Wissensbasis abhängt.

6.5 Ausblick

Die Probleme, die noch zu bewältigen sind, sind zahlreich. Eine kleine Übersicht gibt Charniak (1981). Er zählt auf: Die Bewältigung ungrammatikalischer Äußerungen durch den syntaktischen Teil des Parsers (siehe auch Allen (1983)), das Zusammenwirken von semantischem und syntaktischem Teil des Parsers, Probleme der Referenzauflösung, Probleme der Verarbeitung zusammenhängender Texte.

Die Problematik des Sprachverstehens kann nicht losgelöst vom Problem der Wissensrepräsentation betrachtet werden. Auch auf diesem Gebiet sind noch viele Fragen offen. Hier sei nur angemerkt, daß der Bericht von Brachman und Smith (1980) zeigt, daß sich auf diesem Gebiet weitgehend noch keine einheitliche Meinung unter den führenden Forschern gebildet hat.

Die Frage, wie die fernere Zukunft aussieht, ist wohl nur schwer beantwortbar. Optimistisch stimmt zunächst folgendes Literaturzitat: "Das ist erst der Anfang ihres Tuns. Fortan wird für sie nichts mehr unausführbar sein, was immer sie zu tun ersinnen" (Gen 11,6). Allerdings sollte man das Zitat zu Ende lesen: Die Fortsetzung findet sich als Motto am Anfang dieses Beitrags.

6.6 Literatur

Allen J.F.(ed.): Special Issue on Ill-Formed Input (= American
    Journal of Computational Linguistics 9,3-4; 1983).
Appelt D.E.: Problem Solving Applied to Language Generation, in
    Proceedings of the 18th Annual Meeting of the Association for
    Computational Linguistics and Parasession on Topics in
    Interactive Discourse, Univ. of Pennsylvania, Philadelphia,
    59-63; 1980.
Bates M.: The Theory and Practice of Augmented Transition Network
    Grammars, in Bolc L. (ed.), Natural Language Communication
    with Computers, Springer, Berlin; 1978.
Bobrow D.G.:   Natural   Language   Input   for   a   Computer
    Problem-Solving   System,   in   Minsky   M.(ed.),   Semantic
    Information Processing, MIT Press, Cambridge, Mass.,   146-226;
    1968.
Boguraev B.K.: Automatic Resolution of Linguistic Ambiguities,
    Univ. of Cambridge, Comp. Laboratory, TR-11; 1979.
Bolc L.: The Design of Interpreters, Compilers, and Editors for
    Augmented Transition Networks, Springer, Berlin; 1983.
Brachman R.J., Smith B.C.: SIGART Newsletter 70 ; 1980
    (Spezialausgabe über Knowledge Representation).
Buchberger E., Steinacker I., Trappl R., Trost H., Leinfellner E.:
    VIE-LANG - A German Language Understanding System, in Trappl
    R.(ed.), Cybernetics and Systems Research, North-Holland;
    1982.
Bußmann H.: Lexikon der Sprachwissenschaft, Kröner, Stuttgart;
    1983.
Carbonell J.G.:   Metaphor: An   Inescapable   Phenomenon   in
    Natural-Language Comprehension, in Lehnert W.G., Ringle
    M.H.(eds.), Strategies for Natural Language Processing,
    Lawrence Erlbaum Ass., Hillsdale; 1982.
Charniak E.: Six Topics in Search of a Parser: An Overview of AI
    Language Reasearch, in Proceedings of the 7th International
    Joint Conference on Artificial Intelligence, Univ.British
    Columbia, Vancouver, Canada; 1981.
Colby K.M.:   Artificial Paranoia: A Computer Simulation   of
    Paranoid Processes, Pergamon Press, New York; 1975.

Cullingford R.E.: Script Application: Computer Understanding of
    Newspaper Stories, Yale Univ.; 1978.
Duden Band 10, Bedeutungswörterbuch, Bibliographisches Institut,
    Mannhein; 1970.
Fass D., Wilks Y.: ·Preference Semantics, Ill-Formedness, and
    Metaphor, AJCL 9(3-4)178-187; 1983.
Findler N.(ed.): Associative Networks - Representation and Use of
    Knowledge by Computers, Academic Press, New York; 1979.
Green B.F.jr., Wolf A.K., Chomsky C., Laughery K.: BASEBALL: An
    Automatic Question Answerer, in Feigenbaum E.A., Feldman
    J.(eds.), Computers and Thought, McGraw-Hill, New York,
    207-216; 1963.
Haegglund S., Hein U. (eds.): Proceedings of the Workshop on
    Models of Dialogue: Theory and Application, Linkoeping Univ.;
    1981.
Hahn W. von, Hoeppner W., Jameson A., Wahlster W.:   The Anatomy
    of the Natural Language Dialogue Sysytem HAM-RPM, in Bolc L.
    (ed.), Natural Language Based Computer Systems, Carl Hanser
    Verlag, München; 1980.
Heiser J.F., Colby K.M., Faught W.S., Parkison R.C.:   Can,
    Psychiatrists Distinguish a Computer Simulation of Paranoia
    from the Real Thing? The Limitations of Turing-Like Tests as
    Measures of the Adequacy of Simulations, J. of Psychiatric
    Research 15(3)149-162; 1980.
Hendrix G.G.: LIFER: A Natural Language Interface Facility, in
    SIGART Newsletter 61(1977)25-26.
Hoeppner W., Marburger H.:   Dialogsequenzen mit dem System
    HAM-ANS: Kommentierte Performanzbeispiele, Universität
    Hamburg, Forschungsstelle für Informationswissenschaft und
    Künstliche Intelligenz, Memo ANS-16; 1983.
Kellogg C.: A Natural Language Compiler for On-Line Data
    Management, AFIPS Conference Proc. 29, Fall Joint Computer
    Conference, Spartan Books, Washington D.C., 349-356; 1966.
Kobsa A.: Wissensrepräsentation, Bericht der österreichischen
    Studiengesellschaft für Kybernetik; 1982.
Kobsa A., Buchberger E., Steinacker I.:   Funktion, Inhalt und
    Aufbau von Partnermodellen in natürlichsprachigen
    Dialogsystemen, ÖGAI-Journal 2(2)27-40; 1983.

Lehnert W.G.: The Process of Question Answering, Lawrence Erlbaum Ass., New Jersey; 1978.

Lindsay R.K.: A Program for Parsing Sentences and Making Inferences about Kinship Relations, in Hoggatt A.C., Balderston F.E.(eds.), Symposium on Simulation Models: Methodology and Applications to the Behavioral Sciences, South Western Publishing, Cincinnati, 111-138; 1963.

McKeown K.R.: Paraphrasing Using Given and New Information in a Question-Answer System, in 17th Annual Meeting of the Association for Computational Linguistics - Proceedings, University of California, San Diego, 67-72; 1979.

McKeown K.R.: The Text System for Natural Language Generation: An Overview, in Proceedings of the 20th Annual Meeting of the Association for Computational Linguists, University of Toronto, Toronto, Canada, 113-120; 1982.

Quillian M.R.: Semantic Memory, in Minsky M.(ed.), Semantic Information Processing, MIT Press, Cambridge, Mass., 227-270; 1968.

Quillian M.R.: The Teachable Language Comprehender: A Simulation Program and the Theory of Language, CACM 12(1969)459-476.

Raphael B.: SIR, A Computer Program for Semantic Information Retrieval, In Minsky M.(ed.), Semantic Information Processing, MIT Press, Cambridge, Mass., 33-145; 1968.

Rieger C.: Conceptual Memory, PhD Thesis, Computer Science Dept., Stanford Univ., Stanford, Calif.; 1974.

Roberts R.B., Goldstein I.P.: The FRL Manual, AI Memo 409, MIT, Cambridge, Mass.; 1977.

Schank R.C.: Conceptual Information Processing, North-Holland, Amsterdam; 1975.

Sidner C.L.: Towards a Computational Theory of Definite Anaphora Comprehension in English Discourse, MIT, AI-Laboratory, TR-537; 1979.

Simmons R.F., Burger J.F., Long R.E.: An Approach Toward Answering English Questions From Text, in AFIPS Conference Proceedings 29, Fall Joint Computer Conference, Spartan Books, Washington D.C., 357-363; 1966.

Slocum J.(ed.):   Special Issues on Machine Translation (=
    Computational Linguistics 11,1 und 2-3;   1985).
Steinacker I., Trost H., Leinfellner E.:   Disambiguation in
    German, in Trappl R.(ed.), Cybernetics and Systems Research,
    North-Holland;   1982.
Tennant H.: Natural Language Processing, Petrocelli Books, New
    York;   1981.
Thompson F.B.: English for the Computer, AFIPS. Conference Proc.
    29, Fall Joint Computer Conference, Spartan Books, Washington
    D.C., 349-356;   1966.
Trost H.:   Wissensrepräsentation: ein   Überblick   und   eine
    Anwendung im Bereich natürlichsprachiger Systeme, Bericht Nr.
    32, Österreichische Studiengesellschaft für Kybernetik, Wien;
    1984.
Turing A.M.: Computing Machinery and Intelligence, Mind LIX(236),
    1950; nachgedruckt in: Anderson A.R.(ed.):   Minds   and
    Machines, Englewood Cliffs, N.J.;   1964.
Waltz D.L.:   The   State-of-the-Art   in   Natural   Language
    Understanding, WP 27, Coordinated Science Lab., Univ. of
    Illinois;   1981.
Weaver W.:   Translation, in Locke W.N., Booth A.D.(eds.), Machine
    Translation of Languages, Technology Press of MIT and Wiley,
    New York;   1955, 15-23 (Erstmalig publiziert: 1949).
Weizenbaum J.: ELIZA - A Computer Program for the Study of
    Natural Language Communication Between Man and Machine, CACM
    9(1966)36-45.
Wilensky R.:   Understanding Goal-Based Stories, Research Rep.
    140, Yale University;   1978.
Winograd T.: Understanding Natural Language, Academic Press, New
    York;   1972.
Winograd T.:   Language as a Cognitive Process, 1:   Syntax,
    Addison-Wesley, Reading;   1983.
Woods W.A.: Augmented Transition Networks for Natural Language
    Analysis, Harvard Computation Laboratory Report No. CS-1,
    Harvard Univ., Cambridge, Mass.;   1969.
Woods W.A., Kaplan R.M., Nash-Webber B.:   The Lunar Sciences
    Natural Language Information System: Final Report, Bolt
    Beranek and Newman Inc., Cambridge, Mass;   1972.

7 Automatische Inferenz

Wolfgang Bibel

KURZFASSUNG

Inferenzbildung wird als eine zentrale Fähigkeit von Systemen angesehen, die intelligentes Verhalten realisieren. Im allgemeinsten
Sinne wird darunter die Fähigkeit verstanden, aus vorhandenem Wissen neues Wissen mittels geeigneter Inferenzregeln zu erschließen.

Inferenzbildung tritt in verschiedensten Formen und Kontexten auf,
von der strengen mathematischen Beweisführung bis hin zum unge-
nauen Schließen auf der Grundlage von vagem Wissen im menschlichen
Alltag. Die Grenzen zwischen verschiedenen solcher Formen sind unklar; begriffliche Verwirrung ist die Folge. Der vorliegende Artikel versucht daher, einen klärenden Überblick über das Phänomen
des Schließens in seinen verschiedenen Manifestationen unter möglichst einheitlichen Gesichtspunkten zu geben.

7.0 Einleitung

Wissen und Inferenz bilden das tragende Fundament intelligenter
Systeme. Von den beiden ist es wohl insbesondere die Inferenz, die
den qualitativen Unterschied zwischen klassischen Systemen (wie
etwa dem Betriebssystem einer Rechenanlage) und solchen Systemen
bedingen, deren Verhalten sich im Vergleich zu dem der Menschen
durchaus als intelligent erweist. Nämlich, Wissen steckt natürlich
auch in einem Betriebssystem, das sich deswegen jedoch noch lange
nicht intelligent verhält, eben weil ihm die Inferenz abgeht.

Genaugenommen ist Inferenz natürlich auch Wissen, und zwar Wissen
darüber, wie man aus Wissen anderes Wissen erschließen kann, also
Wissen **über** die Verarbeitung von Wissen, kurz **Meta-Wissen**. Als
solches unterscheidet es sich jedoch klar von dem übrigen Wissen
über Daten, Objekte und ihre funktionalen oder relationalen Beziehungen, also dem Wissen auf der **Objektebene**.

Zur Illustration erinnere ich an das in der Intellektik (= Gebiet
der künstlichen Intelligenz) oft besprochene "Missionare und Kannibalen" Problem.

"Drei Missionare und drei Kannibalen kommen zu einem Fluß
Dort gibt es ein Ruderboot mit zwei Plätzen. Wann immer
Kannibalen den Missionaren gegenüber in der Mehrzahl sind,
werden die Missionare verspeist. Wie können sie heil über
den Fluß kommen?"

Wenn die Missionare (oder der Leser) die Lösung dieses Problems
ausgeknobelt haben, dann ist offenbar (in dem obigen Sinne) anderes, neues Wissen zu dem hinzugekommen, das ihnen vorher zur Verfügung stand. Mechanismen, die solches leisten, bilden den Gegenstand dieser Arbeit.

Die Vielfalt solcher Mechanismen ist verwirrend reichhaltig. Sie
reicht von der exakten Beweisführung des Mathematikers bis zu den
spekulativen Folgerungen eines Börsenmaklers. Eine umfassende Darstellung des Themas sollte daher niemand erwarten, vielmehr soll
hier nur ein einführender Überblick vermittelt werden. Dem liegt
allerdings die Absicht zugrunde, die verschiedenen Phänomene unter
möglichst übergeordneten und einheitlichen Gesichtspunkten miteinander in Beziehung zu setzen, ein Versuch, der in (Bibel 84, 86)
noch detaillierter ausgeführt ist.

Einer dieser Gesichtspunkte ist die Zugrundelegung von Formalismen
aus der mathematischen Logik aus Gründen, die in (Bibel 82a) ausführlich dargelegt wurden. Diese Formalismen und ihre Anwendung
zum exakten mathematischen Schließen werden in Abschnitt 7.1 dargestellt.

Abschnitt 7.2 untersucht dann die Phänomene des **nicht-monotonen**
Schließens, die ihre Wurzeln in dem **Umfang** und der Qualität der
zugrundeliegenden **Beschreibung** haben. Wir unterscheiden dabei die
folgenden Aspekte. Einer ist die **minimale** Inferenz in dem Sinne,
daß in dem obigen Problem eine Lösung der Art "alle sechs gehen
300 Meter flußaufwärts und benützen die dortige Brücke" nicht zugelassen wird, weil in der Problemstellung von einer Brücke keine
Rede ist (ungeachtet der Tatsache, daß auch über die Nichtexistenz
nichts ausgesagt ist). Der zweite Aspekt ist die **inkonsistenz-
tolerante** Inferenz; Inkonsistenz in diesem Sinne ergäbe sich in
der obigen Beschreibung, wenn etwa zusätzlich gesagt wird, daß

einer der Kannibalen angesichts des Flusses in Ohmacht fällt; dann
steht eine solche Aussage in Konflikt mit dem intendierten Sinne
der "Mehrzahl"-Regeln (Satz 3 der Beschreibung), weil ja ohnmäch-
tige Kannibalen keinen Appetit auf Missionare haben können.
Schließlich behandeln wir die Inferenz aufgrund von **vagem**, unge-
sichertem Wissen.

Die Nicht-Monotonie stellt nur eines unter einer Reihe von nach
wie vor aktuellen Problemen im Zusammenhang mit Inferenz dar.
Abschnitt 7.3 untersucht solche Probleme, die mit der Struktur der
zu modellierenden realen Welt zusammenhängen. Eines dieser Probleme besteht in der Tatsache, daß Wissen in verschiedenen Akteuren
verteilt ist. Ein anderes bezieht sich auf die Fähigkeit, das eigene Schließen, quasi aus der Perspektive eines Über-Ichs, selbst
zum Gegenstand der Betrachtung zu machen, die **Meta-Inferenz**.
Schließlich ist Inferenz wesentlich an den Mechanismen beteiligt,
die mit dem Stichwort **Lernen** angedeutet seien.

Obgleich damit die Spannweite der Erörterung groß ist, finden viele weitere und wichtige Aspekte der Inferenz höchstens noch in der
abschließenden Zusammenfassung eine Erwähnung. Dem interessierten
Leser sei hierfür die zu unseren Themen ausgewählte Literatur,
etwa der Band (Bibel, Jorrand 86) anempfohlen.

7.1 Mathematisch-logische Grundlagen

In diesem ersten Abschnitt werden wir einen kurzen Überblick über
einschlägige Logikformalismen und zugehörige Deduktionsmechanismen
geben sowie ihre Anwendung in exakten mathematischen Theorien dis-
kutieren.

7.1.1 Klassische Logik

Von altersher bestand und besteht die Aufgabe der Logik in der
Bereitstellung (und dem Studium) von Formalismen zur Beschreibung
von Wissen und Inferenz. Betrachten wir zum Beispiel die beiden
Aussagen "ein Großvater ist der Vater des Vaters" (kurz W1) und
"jedermann hat einen Vater" (kurz W2), so ergibt sich die offen-

sichtliche Folgerung "jedermann hat einen Großvater" (kurz W0). Formal ist eine solche Folgerung eine Beziehung (bezeichnen wir sie mit $\models$) zwischen dem Inhalt der beiden ersten Sätzen einerseits und dem des letzten Satzes anderseits. Da wir vom Inhalt (oder Sinn) der Sätze reden, wird $\models$ eine **semantische** Beziehung oder Folgerung genannt.

Eine Formalisierung besteht nun in der Angabe einer Sprache, in der sich Sätze dieser Art bilden lassen, sowie in der Angabe von syntaktischen Regeln, mit denen sich eine **syntaktische** Beziehung $\vdash$ (sprich "ableitbar") definieren läßt, so daß $\models$ zwischen dem Sinn der Sätze genau dann gilt, wenn $\vdash$ zwischen den Sätzen als syntaktischen Gebilden gilt. Es dürfte einleuchtend sein, daß ohne einen solchen Übergang zur Syntax eine Automatisierung undenkbar wäre. Grundsätzlich ist hierfür natürlich jede, also auch die natürliche Sprache geeignet. In diesem Fall bliebe die Frage nach einer Definition von $\vdash$, so daß etwa im obigen Beispiel W1 & W2 $\vdash$ W3 gilt. Leider ist die natürliche Sprache zu komplex, aber auch zu vage, mehrdeutig und unklar, daß ein solcher Versuch auf Anhieb gelingen könnte.

Deshalb geht man zunächst den Weg über eine präzise formale Sprache, formuliert darin (unter Beibehaltung des Sinns) W1, W2 und W0 in exakter Weise und beschränkt sich hinsichtlich der Beziehung W1 & W2 $\vdash$ W0 auf solche formalen Sätze oder **Formeln**. Die **Prädikatenlogik (erster Stufe)** liefert sowohl eine solche formale Sprache als auch einen darin wohldefinierten Folgerungsbegriff $\vdash$. Beides können wir hier nur an Beispielen kurz erläutern. Eine etwas ausführlichere Beschreibung findet sich in (Bibel 82a) (oder Bibel 83), während z. B. (Bibel 82) eine umfassende Einführung vermittelt.

Aus den Eigenschaften dieser klassischen prädikatenlogischen Folgerungsbeziehung ergibt sich, daß W1 & W2 $\vdash$ W0 äquivalent mit $\vdash$ W1 & W2 $\rightarrow$ W0 ist, d.h. wir können das vorausgesetzte Wissen immer in die Behauptung miteinbeziehen, und haben uns so immer nur mit der Frage nach $\vdash$ F für eine gegebene Formel F zu befassen. In unserem Beispiel handelt es sich etwa um die folgende Formel $\forall x\, y\, z\, (Vzy \lor Vyx \rightarrow Gzx) \,\&\, \forall u\, \exists c\, Vcu \rightarrow \forall b\, \exists v\, Gvb,$

die wir kurz mit VG bezeichnen wollen.

Eine Möglichkeit, $\vdash$ - VG in einer mechanischen Weise zu testen, ist durch die von (Robinson 65) eingeführte Resolutionsmethode gegeben. Sie besteht aus einer vorbereitenden Transformation der gegebenen Formel in eine normierte Form, dem eigentlichen Resolutionsprozess und einem Abschlußtest.

In der vorbereitenden Transformation wird die Formel negiert, und die Implikation $\rightarrow$ durch die Disjunktion und Negation ersetzt, was im Beispiel zu
$$\forall x\,y\,z\,(\neg Vzy \lor \neg Vyx \lor Gzx) \;\&\; \forall u\,\exists c\,Vcu \;\&\; \exists b\,\forall v\,\neg Gvb$$
führt. Dann wird **skolemisiert** (hier Ersetzung von c durch fu), alle Quantoren werden weggelassen, und die entstehende Formel wird in konjunktive Normalform überführt, also
$$(\neg Vzy \lor \neg Vyx \lor Gzx) \;\&\; V(fu)u \;\&\; \neg Gvb.$$
Die entstehenden Konjunktionsglieder (hier genau drei) werden als Mengen von **Literalen** aufgefaßt und dann **Clausen** genannt. Die so entstandene **Clausenform** bildet dann den Ausgangspunkt des Resolvierungsprozesses, der nun an unserem Beispiel illustriert werden soll.

Man wählt irgendeine Clause aus, sagen wir $\{\neg Gvb\}$, und darin irgendein Literal L, hier also notwendigerweise $\neg Gvb$. Dann sucht man irgendeine weitere Clause, in der ein Literal $\neg L$ mit dem gleichen Prädikatszeichen wie in L, hier also G, jedoch mit entgegengesetztem Vorzeichen (bezüglich der Negation) auftritt. Im Beispiel kommt für $\neg L$ nur Gzx in Frage. Die Terme in den beiden ausgewählten Literalen müssen nun wenn möglich paarweise **unifiziert**, d.h. durch Einsetzen von Termen in Variable gleichgemacht werden. Hier handelt es sich um die beiden Termpaare $\{z,v\}$ und $\{x,b\}$, die offensichtlich in diesem Sinne (mittels der Substitution $\{\,z\leftarrow v,\; x\leftarrow b\,\}$) unifizierbar sind. Diese Substitution wird auf alle Literale in den beiden Clausen angewandt, die beiden ausgewählten **komplementären** Literale werden entfernt und die übrigbleibenden Literale in einer neuen Clause, der **Resolvente**, vereinigt, die nun zusammen mit den bisherigen Clausen die neue Clausenmenge für den nächsten Schritt bildet.

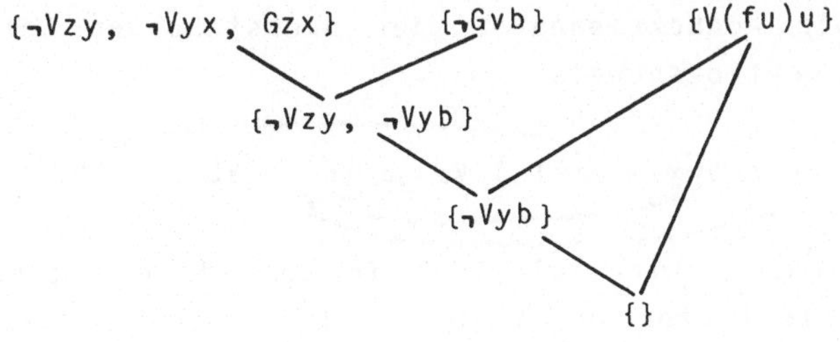

Figur 1. Der Resolutionsbeweis für VG

Dieses Verfahren wird solange fortgesetzt, bis einmal als Resolvente die leere Menge {} auftritt. Figur 1 zeigt die gesamte Ableitung von {} für unser Beispiel in einer wohl unmittelbar verständlichen Weise.

Damit haben wir den Grundmechanismus der Resolution illustriert. Es ist klar, daß das Hauptproblem in einer möglichst geschickten Auswahl der beiden komplementären Literale liegt, über die resolviert wird. Insbesondere muß man natürlich ausschließen, daß Resolvierungen, die bereits ausgeführt wurden, unnötigerweise später nochmals in Betracht gezogen werden. Über solche **Verfeinerungen** des Resolutionsverfahrens gibt es eine außerordentlich umfangreiche Literatur, auf die wir in diesem kurzen Überblick überhaupt nicht eingehen können. Vielmehr müssen wir uns auf die Nennung zweier besonders wichtiger Verfeinerungen dieser Art beschränken, nämlich die **lineare** Resolution und die **Konnektionsgraphen** Resolution, und den Leser z.B. auf (Bibel 82) oder (Loveland 78) verweisen. Die erstere spielt eine entscheidende Rolle in PROLOG (Kowalski 79), eine der bedeutenden Programmiersprachen besonders für Anwendungen auf Probleme der Künstlichen Intelligenz.

Es gibt einen weiteren, von der Resolution unabhängigen (wenn auch verwandten) Zugang zu dieser Problemstellung, der nunmehr unter dem Namen **Konnektionsmethode** bekannt geworden ist. Die zugrundeliegende Idee besteht darin, die Ableitbarkeit einer Formel anhand der inneren syntaktischen Struktur der Formel selbst zu charakterisieren, ohne diese, wie bei der Resolution, erst durch Resolventenbildung in viele Teile zu zerstückeln. Für unser Beispiel

repräsentieren die Konnektionen in der nachstehenden Darstellung
einen solchen Konnektionsbeweis.

$$\forall xyz\ (Vzy\ \&\ Vyx\ \rightarrow\ Gzx)\ \&\ \forall u\ \exists c\ Vcu\ \rightarrow\ \forall b\ \exists v\ Gvb$$

Im Vergleich zur Resolutionsableitung in der Figur 1 stellt jede
Konnektion hier die Kodierung je eines entsprechenden Resolutions-
schlusses dar (obwohl der Zusammenhang in voller Allgemeinheit
komplizierter ist).

Grundsätzlich ist die Konnektionsmethode auf jede Formel anwendbar, so daß auf den bei der Resolution nötigen Umformungsprozess
in Clausenform verzichtet werden kann (wie aus dem Beispiel er-
sichtlich ist). Der Hauptteil in dieser Methode besteht dann in
einer Lokalisierung von Konnektionen unter gleichzeitiger Unifi-
zierung entsprechender Terme in den konnektierten Literalen. Dies
geschieht so lange bis eine bestimmte Eigenschaft ("aufspannend")
von den lokalisierten Konnektionen erreicht ist, was hier als Ter-
minationskriterium dient. Unter gewissen Bedingungen des Vorgehens
ist dieses genauso leicht zu testen wie das Auftreten der leeren
Clause bei der Resolution. Bezüglich der Details sei auf
(Bibel 82) bzw. (Bibel 83) verwiesen.

Die Konnektionsmethode hat gegenüber der Resolution eine Reihe von
Vorteilen. Sie läßt sich außerordentlich speichereffizient programmieren, da für die Lokalisierung der Konnektionen dynamische
Markierungen (d.h. bits) ausreichen. Dabei ist sie relativ ein-
sichtig, was bei den Resolutionsverfeinerungen oft keineswegs mehr
der Fall ist (so daß z.B. für die Konnektionsgraphen Resolution
bis heute wichtige Vollständigkeitsfragen ungelöst sind). Überdies
besteht ein direkter Zusammenhang zwischen einem Konnektionsbeweis
und einem Beweis in der Form, wie ein Mathematiker ihn aufschrei-
ben würde. Dies ist ein für eine interaktive Verwendung besonders
wichtiger Aspekt, da der Benutzer im allgemeinen einen Konnektionsbeweis ebensowenig wie einen Resolutionsbeweis intuitiv verstehen würde.

Damit sind wir bei einem weiteren Zugang angelangt, nämlich einem
ursprünglich von G. Gentzen erarbeiteten Formalismus, der dem na-

türlichen Schließen besonders nahe kommt. Hier geht man davon aus,
daß gewisse Formeln evidenterweise ableitbar sind, wie etwa Formeln der Gestalt F & ¬F. Sie werden **Axiome** genannt. Sodann gibt
es **Regeln**, wie man von bereits als ableitbar erkannten Formeln
(möglicherweise unter gewissen Annahmen) zu weiteren Formeln wei-
terschließen kann. Wie gesagt, haben diese Formalismen besonders
für das Verständnis des Benutzers eine Bedeutung, während sie für
die Implementierung von Beweisverfahren von geringer Bedeutung
sind.

Genauso wie wir oben die Vater-Großvater Relation mit zwei Formeln
(W1 und W2) charakterisiert haben, lassen sich ganze mathematische Theorien "axiomatisch" charakterisieren. Automatisches mathematisches Beweisen würde sich demnach darauf beschränken, die gegebene Vermutung von einem Theorembeweiser abarbeiten zu lassen.
Die Erfahrung zeigt jedoch, daß ein solcher Automatismus noch auf
lange Sicht eine Illusion bleiben wird. Deshalb hat man sich besonders auch damit intensiv beschäftigt, wie sich auf der Grundlage einer solchen "exhaustiven" Beweismaschine durch heuristisches
Vorgehen die jahrhundertelange Erfahrung der Mathematik zusätzlich
nutzbar machen ließe. Eine gute Einführung in diese Thematik findet man in (Bundy 83).

In verschiedenen Anwendungen erweist sich die Formalisierung in
der Prädikatenlogik **erster** Stufe als unbequeme Einschränkung. Wir
bemerken deshalb abschließend, daß sich die hier beschriebenen
Verfahren auf die Logik **höherer** Stufe unter gewissen Einschränkungen übertragen lassen. Für den Fall der Konnektionsmethode ist
dies in Abschnitt V.6 in (Bibel 82) näher ausgeführt.

7.1.2 Modallogik

Modallogik kann man kurz als die **Logik der Notwendigkeit und Möglichkeit** beschreiben. Obwohl die Beschäftigung mit logischen Ge-
setzen, die Modalitäten einbeziehen, viel weiter in die Geschichte
der Philosophie und Logik zurückreichen, hat sie erst mit den Arbeiten von C. I. Lewis im zweiten Jahrzehnt dieses Jahrhunderts
eine adäquate Grundlage erhalten.

In die Modallogik führt man zusätzlich zu den logischen Operatoren
der klassischen Logik noch einen weiteren Operator ⯀ (oft auch mit
L bezeichnet) ein. ⯀F soll die Aussage "F gilt **notwendigerweise**"
formalisieren (im Unterschied zum Fall, daß F nur zufälligerweise
gilt, wie etwa die Aussage, daß der Abendstern identisch mit dem
Morgenstern ist - ein berühmtes Beispiel hierzu). Oft wird zusätzlich die Kombination ¬⯀¬ als eigener Operator ◇ (oft auch M)
bezeichnet, ◇F zu lesen als "**möglicherweise gilt** F".

Wie immer in der Logik besteht die Aufgabe zunächst darin, die mit
diesen Operatoren verbundene semantische Vorstellung syntaktisch
zu charakterisieren, z.B. im Sinne der Formalismen des natürlichen
Schließens (siehe oben), in Form von Axiomen oder Regeln. Hierzu
gibt es die verschiedensten Vorschläge, je nachdem, welche genaue-
re Vorstellung man mit ◇ verbindet. In der einfachsten Formalisierung fügt man zu einer vollständigen Axiomatisierung der Aussa-
genlogik die folgenden Axiome und Regeln hinzu.

$$A1: \quad \Box F \rightarrow F$$
$$A2: \quad \Box (E \rightarrow F) \rightarrow (\Box E \rightarrow \Box F)$$
$$R1: \quad E, E \rightarrow F \mid - F$$
$$R2: \quad F \mid - \Box F$$

Dieses System wird in (Hughes et al. 68) mit T, oft aber auch mit
M bezeichnet. Ein genaueres Studium hat ergeben, daß es in seinen
Konsequenzen (d.h. den ableitbaren Sätzen) nicht alle Vorstellun-
gen adäquat wiedergibt, die man mit ⯀ verbindet. Man kann wohl
das Gleiche von all den vielen Varianten sagen, die deswegen bis-
her entwickelt worden sind. Eine dieser Varianten ist das System
S5, das als einzigen Unterschied zu T noch zusätzlich auf dem
Axiom A3: ◇F → ⯀◇F basiert.

Es sei hier nur erwähnt, daß die einleuchtendste Interpretation
von modallogischen Sätzen von (Kripke 59) stammt, die von der Vorstellung verschiedener **möglicher Welten** ausgeht.

Die Schwierigkeiten mit der Modallogik könnten damit zusammenhängen, daß sie versucht, einen Metabegriff in direkter Weise innerhalb der Objektebene unterzumengen. Denn bezogen auf einen Kalkül

K kann **▢** F   offenbar auch als "F ist in K ableitbar" gedeutet werden, also als ein metasprachlicher Operator. Auf eine Trennung der beiden Sprachebenen auf einer prädikatenlogischen Grundlage werden wir in Abschnitt 7.3 eingehen.

7.2 Nicht-monotone Inferenz

Die üblichen Systeme der mathematischen Logik haben die folgende **Monotonieeigenschaft:**

$$\text{aus } W \mid - F \text{ folgt } W \cup V \mid - F$$

wobei F eine Formel und W,V Mengen von Formeln bezeichen. In Worten bedeutet dies, daß eine logische Schlußkette auch bei Hinzunahme weiterer Annahmen gesichert bleibt.

Im alltäglichen Schließen ist es im Gegenteil oft so, daß sich vorher als richtig angenommene Schlußketten durch zusätzliches Wissen schließlich als falsch erweisen, was wir am Beispiel gleich erläutern werden. In diesem Sinne hat alltägliches Schließen einen **nichtmonotonen** Charakter. Es wäre allerdings voreilig, daraus den Standpunkt abzuleiten, die üblichen Systeme seien als Grundlage für die Formularisierung des alltäglichen Schließens gänzlich ungeeignet. Machen wir uns aber erst einmal mit dem Phänomen selbst vertraut.

Jedes Kind weiß, daß Vögel fliegen können. Wenn einem daher gesagt wird, daß Peter seinen Vogel Zwitschi (engl. Tweety) aus dem Fenster geworfen hat, dann würde man daraus die Vorstellung ableiten, Zwitschi sei einfach irgendwo hingeflogen. (Es sei dem Leser als kleine Übung überlassen, diese Ableitung formal wiederzugeben.) Der Kürze halber beschränken wir uns hier darauf zu erwähnen, daß in dieser Ableitung die **Annahme** Vx (VOGEL x → KANNFLIEGEN x), kurz VKF, eine entscheidende Rolle spielt.

Unsere so abgeleitete Vorstellung würde sich jedoch völlig verändern, erführe man nun zusätzlich, daß Peter vorher dem Zwitschi radikal die Flügel gestutzt habe. Nun würde sich nämlich sofort die Frage aufdrängen, ob Zwitschi diesen Sturz überhaupt heil überstanden hat. Zusätzliches Wissen hat also die Gültigkeit der

vorherigen Ableitung außer Kraft gesetzt. Für das alltägliche
Schließen gilt also **nicht** die eingangs formulierte Monotonieeigenschaft. Dabei sei erwähnt, daß es sich hier nicht um einen ausge-
fallenen Sonderfall, sondern um ein weitverbreitetes Phänomen im
menschlichen Denken handelt.

Der Grund für die Diskrepanz zwischen logischen Formalismen und
dem alltäglichen Schließen läßt sich an unserem Beispiel leicht
erkennen. Er liegt darin, daß man im alltäglichen Schließen von
falschen, weil unvollständigen Annahmen ausgeht. Es stimmt eben
gar nicht, daß alle Vögel fliegen können, vielmehr gibt es eine
ganze Reihe von Ausnahmen, z.B. Vögel mit radikal gestutzten Flügeln, Strauße, Pinguine usw. Genauer ist es so, daß **in der Regel**
Vögel fliegen können, daß diese Regel aber eine Reihe von Ausnahmen kennt. Im alltäglichen Schließen wendet man in solchen Fällen
immer die Regel an, es sei denn, es gibt gute Gründe für das
Vorliegen einer der Ausnahmen. Im folgenden beschäftigen wir uns
mit der Frage, wie sich dieses offenbar erfolgreiche menschliche
Verhalten formal nachvollziehen läßt (und damit der Automatisierung zugänglich wird).

Die Essenz des oben beschriebenen Phänomens beruht darin, daß für
gewisse Aussagen - wie etwa "Zwitschi kann fliegen" - nicht ohne
weiteres klar ist, ob sie in der Menge Th(W) aller aus W ableitbaren Formeln enthalten sein sollen oder nicht.

Jede solche Formalisierung beinhaltet zweierlei, nämlich
- die formale Darstellung W der Sachverhalte einerseits und
- die Festlegung von Operationen auf den Sachverhalten zur Bestim-
  mung von Th(W) andererseits.
Beides ist aufeinander bezogen und läßt sich daher eigentlich nur
als ganzes beantworten. Aus Gründen der didaktischen Aufbereitung
beginnen wir jedoch zunächst mit der Frage der formalen Darstellung.

Zu einem ersten Versuch könnte man an die Möglichkeit für W als
Konjunktion der folgenden Aussagen denken.

        W1   VKF, d.h. $\forall$x (VOGEL x $\rightarrow$ KANNFLIEGEN x)

        W2   VOGEL zwitschi

        W3 $\forall$x (STRAUSS x $\rightarrow$ VOGEL x)

W4   ∀x (STRAUSS x → ¬KANNFLIEGEN x)

Sie entspricht vielleicht am ehesten der obigen natürlich-sprach-
lichen Beschreibung. Offenbar ist sie aber in sich widersprüch-
lich, denn ohne besondere Maßnahmen (siehe weiter unten) bezüglich
der Operation des logischen Schließens folgt aus W1 und W3 eine
Regel, die im Widerspruch zu W4 steht.

Alle weiteren Varianten der Darstellung beziehen sich auf die
Regel VKF. So kann man versuchen, VKF exakt zu formulieren, etwa
in der Form:

∀x (VOGEL x & ¬STRAUSS x & ¬PINGUIN x & ... → KANNFLIEGEN x)

Diese Lösung würde nun aber zur Beantwortung der Frage "kann
Zwitschi fliegen" den Beweis von

¬STRAUSS zwitschi & ¬PINGUIN zwitschi & ...

erfordern, eine im allgemeinen unlösbare Aufgabe, jedenfalls eine
mit einer völlig ineffizienten Lösung (man denke etwa an 100 mögliche Ausnahmen). Zudem liegt eine solche Lösung weit entfernt vom
menschlichen Vorgehen.

Eine zweite Variante von VKF ist von der folgenden Art
(McCarthy 80).

∀x (VOGEL x & ¬AUSNAHME x → KANNFLIEGEN x)

Sie erfordert zusätzlich Aussagen der Art

∀x (STRAUSS x → AUSNAHME x)

Außerdem muß AUSNAHME zwitschi festgestellt oder erschlossen
werden können.

Eine dritte Variante von VKF ist sehr ähnlich der vorangegangenen,
allerdings formuliert in Logik zweiter Stufe, was uns nicht von
vorne herein abschrecken sollte.

∃S (S ⊆ λz VOGEL z & ∀x (x∈S → KANNFLIEGEN x))

Entsprechend der vorangegangenen Variante erfordert sie zusätzlich
die beiden Aussagen

∀x (STRAUSS x → ¬ x∈S)   und   zwitschi ∈ S.

Die folgende Variante von VKF ist formuliert in der Sprache der
Modallogik.

∀x (VOGEL x & ◇ (KANNFLIEGEN x) → KANNFLIEGEN x)

Hierbei ist der Möglichkeitsoperator ◇ zu verstehen im Sinne "es ist konsistent anzunehmen, daß"; z.B. gilt ◊ (KANNFLIEGEN zwitschi), jedoch (wegen W4) nicht ◊ (KANNFLIEGEN strauß). Es wird also in der Regel das Ergebnis eines unabhängig davon durchzuführenden Beweisprozesses miteingebaut, der diese Konsistenz feststellt.

Schließlich kann man den Quantor in VKF von "für alle x" zu "für die meisten x" oder "für fast alle x" abschwächen, was in dem Gebiet des vagen Schließens untersucht wird.

Weitere Varianten in der Literatur sind in anderen als den hier betrachteten Logikformalismen formuliert, z.B. als "frames". Es sei hier nur erwähnt, daß der Autor den Standpunkt vertritt, daß sich solche Formalismen leicht in die Sprache der Logik übersetzen lassen, weshalb es sich in unserem Zusammenhang nicht lohnt, solch andersartige Syntax im einzelnen zu studieren (Bibel 84a).

Welche unter all diesen Varianten nun als Darstellung W der Sachverhalte auch gewählt wird, in jedem Falle ist es erforderlich, die Ableitbarkeitsrelation $\vdash$ - dieser Wahl so anzupassen, daß insgesamt die Menge Th(W) der ableitbaren Sätze der intendierten Realität entspricht. Aus der Sicht der Ableitbarkeitsrelation der klassischen Prädikatenlogik jedenfalls erweist sich W teils als unvollständig (ohne explizite Listung aller Ausnahmen), teils als überbestimmt, d.h. inkonsistent, und teils als zu vage bestimmt. In jeder dieser Möglichkeiten besteht die Aufgabe, diesen "Mangel" bei W mittels $\vdash$ - entsprechend auszugleichen.

Im Falle der Unvollständigkeit von W geht man von der Annahme aus, daß die nichterwähnten Sachverhalte durch eine stillschweigende Übereinkunft im Kontext von W als selbstverständlich angesehen werden. Die einfachste Form einer solchen Übereinkunft besteht in der sogenannten **Annahme der Weltabgeschlossenheit** (AWA), die als **closed world assumption** in (Reiter 78) für das Gebiet der Datenbanken vorgeschlagen wurde. Unter den denkbaren positiven (d.h. nicht negierten) Aussagen atomarer Struktur (d.h. Literalstruktur) sollen nur diejenigen als gültig angesehen werden, die aus W tatsächlich ableitbar sind. Für alle übrigen wird angenommen, daß sie **nicht** gelten, auch wenn dies nicht notwendig aus W folgt.

In dieser Form hat sich die AWA als zu einfach erwiesen. Eine Verallgemeinerung stellt die sogenannte **Negation aufgrund eines Fehlschlages** beim Versuch, die unnegierte Aussage aus W abzuleiten, dar, die als **negation as failure** in (Clark 78) im Kontext von PROLOG eingeführt wurde. Sie wurde in (Reiter 84) in die Form eines Vervollständigungsaxiomenschemas für eine Theorie der Datenbanken umgewandelt.

Wenn dieses Phänomen schon in der vom theoretischen Standpunkt aus sehr einfachen Datenbanktheorie einer sorgfältigen Klärung bedurfte, so ist es in der für die Künstliche Intelligenz erforderlichen Allgemeinheit verständlicherweise noch erheblich komplizierter. Der unsereserachtens überzeugendste Ansatz einer Lösung hierzu wurde in (McCarthy 80) unter dem Begriff **Zirkumskription** beschrieben. Dieser Ansatz beruht in einer Form von (in Bezug auf das gegebene W) **minimaler** Inferenz, die ähnlich wie in (Reiter 84) axiomatisch, d.h. mittels eines Axiomenschemas, gefaßt wird. Danach wird die Vervollständigung von W so vorgenommen, daß nur solche Sachverhalte angenommen werden, die durch W nahegelegt sind. Für das Missionare-und-Kannibalen Beispiel (in der Einleitung) heißt dies, daß die Existenz einer Brücke nicht, die zu einem "normalen" Ruderboot gehörigen Ruder jedoch schon angenommen werden, während bei Zwitschi von einem "normalen", also fliegenden, Vogel ausgegangen wird (da nichts Gegenteiliges explizit erwähnt ist). Und all dies wird durch das genannte Schema technisch geleistet, vorausgesetzt es ist unter den obigen Darstellungsvarianten diejenige mit dem Ausnahmeprädikat herangezogen.

Der Lösungsansatz über die Modallogik, der von einer Reihe von Autoren beschritten wurde, ist dem eben beschriebenen in Grunde sehr verwandt. Die axiomatische Einschränkung der Ableitbarkeitsrelation zielt hier jedoch auf eine sinnvolle syntaktische Charakterisierung des Möglichkeitsoperators $\Diamond$. Genau dies hat sich jedoch als eine schwierige Aufgabe erwiesen, deren Lösung bereits eine Reihe von Fehlschlägen vorausgegangen ist. (Moore 83) beschreibt hierzu den letzten Stand der Diskussion. Die Schwierigkeiten könnten mit dem vielleicht zu weitgehenden Eingriff in die logischen Operationen selbst zusammenhängen, weshalb dem Autor die Zirkumskription als aussichtsreicher erscheint.

Nach der Unvollständigkeit wenden wir uns nun der Überbestimmtheit von W zu. Wie bereits erwähnt, muß man hier durch geeignete Maßnahmen vermeiden, daß Widersprüche in W, die so eigentlich nicht gemeint sind, tatsächlich zum Tragen kommen. Dies ist möglich durch eine entsprechende Einschränkung der Inferenzbildung auf der Kontrollebene der Inferenzmaschine. Beispielsweise muß ein solcher Kontrollmechanismus die Inferenz aus W3 und W1 angesichts von W4 verhindern. Eine einfache Technik hierzu besteht in einer hierarchischen Anordnung der Aussagen in W (Nilsson 80), eine allgemeinere Technik teilt die deduktiven Beziehungen in in sich konsistente Unterklassen ein (Bibel 84; vgl. auch Quinlan 85). Man könnte hier treffend von **inkonsistenztoleranter** Inferenz sprechen.

Schließlich kommen wir noch zu dem Phänomen der Vagheit, das die bisher besprochenen Phänomene in der Praxis noch zusätzlich überlagert. In einer Aussage wie "die meisten jungen Mädchen sind schön" begegnen wir gleich drei vagen Ausdrücken, nämlich den Prädikaten "jung" und "schön" sowie dem vagen Quantor "die meisten". Wenn man nun "Petra ist 20" und "Peter liebt schöne Mädchen" als Voraussetzung (Evidenz) zur Verfügung hat, inwieweit läßt sich dann auf "Peter liebt Petra" schließen? Offenbar sind derartige Schlüsse exakt überhaupt nicht durchführbar. Bestenfalls läßt sich eine solche Folgerung nur mit einer gewissen Wahrscheinlichkeit oder Possibilität ziehen.

Der wahrscheinlichkeitstheoretische Zugang wurde z.B. in dem erfolgreichen Expertensystem PROSPECTOR (Duda et al. 79) beschritten, in dem die einzelnen Wissensfakten oder Regeln die Gestalt
$$\textbf{wenn } E \textbf{ dann } H \textbf{ mit } w$$
haben, wobei E die angenommene Evidenz, H die hypothetische Folgerung und w das Gewicht, $0 < w < 1$, darstellt, mit dem diese Regel im Kontext anderer Regeln gewogen wird. Aufgrund wahrscheinlichkeitstheoretischer Überlegungen (Bayessches Theorem) läßt sich mittels einer solchen Regel aus dem Grad der Wahrscheinlichkeit für das Zutreffen von E mit w auf den von H schließen, mit einer entsprechenden Verallgemeinerung für den Fall, daß H in mehreren Regeln als Folgerung erscheint.

Einen umfassenden Zugang hat Zadeh (z.B. Zadeh 79) mit der Entwicklung einer vagen Logik ("fuzzy logic") beschritten. Anstelle

einer zweiwertigen Logik betrachtet er eine Possibilitätslogik, wo
z.B. JUNG petra alle Werte zwischen 0 und 1 je nach dem Alter von
Petra annahmen kann (bei 20 nahe 1, bei 30 etwa 0.5 und bei 40 nahe
0). Aus diesen Possibilitätswerten errechnet man aufgrund fester
Gesetze Possibilitätswerte zusammengesetzter Aussagen, wobei auch
vage Quantoren wie oben "die meisten" mit einbezogen werden. Wie
in dem wahrscheinlichkeitstheoretischen Ansatz werden dann auch die
Inferenzregeln so verallgemeinert, daß sich aus den Possibilitätswerten für die Prämissen solche für die Konklusion ergeben.

Obwohl nicht bestritten werden kann, daß im vagen Schließen Ge-
wichtungen eine Rolle spielen müssen, sind Ansätze dieser Art,
über die (Prade 83) einen Überblick zu geben versucht, kritisiert
worden, besonders unter dem Aspekt, daß menschliche Intelligenz
derartige Berechnungsverfahren wohl nicht benötigt. So wird in
(Bibel 84a) eine Alternative angedeutet, die auf der klassischen
Logik basiert.

7.3 Spezialformen der Inferenz

Die bruchstückhafte Verteilung von Wissen in verschiedenen Individuen oder Systemen erfordert besondere Formen von Inferenz, die
dieser Struktur Rechnung tragen. In diesem Abschnitt werden wir
drei besonders wichtige solcher Formen kurz erläutern.

7.3.1 Inferenz unter verschiedenen Akteuren

Wie die alltägliche Erfahrung zeigt, ist es besonders schwierig,
Schlüsse über das Wissen anderer Personen zu ziehen ("... das
hätte er sich doch denken können ..."). Auch in Anwendungen der
Künstlichen Intelligenz stellt sich dieses Problem, etwa bei (auf
verschiedene Orte) verteilten Wissensbanken oder bei kooperieren-
den Robotern.

Nehmen wir als Beispiel an   "Peter kennt Gerd's Telefonnummer"
und   "Gerd hat dieselbe Telefonnummer wie Eva". Die Frage ist, ob
wir daraus schließen können, daß Peter auch Eva's Telefonnummer
kennt. Offenbar doch nicht, es sei denn Peter wüßte von der

Gleichheit der beiden Nummern. Man kann also beim Schließen über das Wissen anderer nicht ohne weiteres wie in der (**referentiell transparenten**) üblichen Logik Gleiches durch Gleiches ersetzen. Im Gegenteil ist die Objektargumentstelle des Prädikats KENNT oder WEISS **referentiell opak**.

Wenn andererseits Peter von dieser Nummernidentität eben doch weiß, so ist der obige Schluß natürlich zulässig. Deshalb stellt sich die Frage, wie man diesen subtilen Unterschied beim Schließen über das Wissen anderer kalkülmäßig erfassen kann. Hierzu gibt es vier grundsätzlich verschiedene Lösungsansätze.

Der erste geht auf (McCarthy 79) zurück, wo vorgeschlagen wird, das Problem durch eine Unterscheidung zwischen "Gerd's Telefonnummer" **als Konzept** und Gerd's Telefonnummer **als solcher**, etwa der Nummer 123456, zu lösen. Ein zweiter Ansatz orientiert sich an Kripke's Idee der möglichen Welten (vgl. 7.1) und ist dementsprechend von der Modallogik her entwickelt, wo man den Notwendigkeitsoperator ja auch als Wissensoperator interpretieren und entsprechend axiomatisch charakterisieren kann (Moore 77). Ein dritter Ansatz realisiert die im Prinzip zunächst völlig verschiedenen Welten mehrerer Akteure durch disjunkte Alphabete (realisiert durch Indexierung mit den Namen der Akteure) in einem ansonsten klassischen Prädikatenkalkül (Bibel 84b), weshalb er als besonders einfach und einleuchtend erscheint. Eine besonders aussichtsreiche Perspektive zu dieser Thematik wurde durch die Arbeit (Perlies 85) aufgetan.

7.3.2 Meta-Inferenz

In der Einleitung haben wir Wissen auf der Objektebene von Inferenz als Meta-Wissen über die Verarbeitung solchen Wissens unterschieden. Natürlich ist es auch vernünftig, noch eine Ebene höher zu gehen, und das Wissen über die Mechanismen der Inferenz in die Formalisierung mit einzubeziehen. In diesem Sinne handelt ja dieses ganze Kapitel von Meta-Meta-Wissen bzw. **Meta-Inferenz**.

Mit der Formalisierung des Begriffs der Ableitbarkeit $\vdash$ haben wir uns bereits auf diese Meta-Inferenz-Ebene begeben. Hierzu wur-

de in Abschnitt 7.1 erwähnt, daß ▌- als der Notwendigkeitsoperator der Modallogik angesehen werden kann, so daß die Modallogik
als der adäquate Formalismus für die Meta-Inferenz erscheint.

Wir haben allerdings auf die Schwierigkeiten dieser Logik bereits
mehrfach hingewiesen. Als einfacherer Zugang bietet sich daher die
Interpretation dieser Problematik als Spezialfall der im letzten
Abschnitt behandelten Thematik an. Und zwar sind hier zwei Akteure
beteiligt, zum einen der die Inferenz ausführende Akteur, zum anderen sozusagen sein Über-Ich, mit dem er über seine eigenen Aktionen nachdenkt. Im Sinne des oben erwähnten Ansatzes aus (Bibel
84b) sind diese beiden zunächst als disjunkte Welten anzusehen,
die insbesondere ihr Wissen in disjunkten Alphabeten formulieren.

Sowohl (Weyrauch 80) als auch (Bowen et al. 81) gehen de facto
diesen Weg, der ansonsten auf einem klassischen Logikformalismus
basiert. Natürlich gibt es zwischen dem Wissen auf den beiden Ebenen Beziehungen, die im vereinigten Formalismus ihren syntaktischen Ausdruck finden müssen. In den erwähnten Arbeiten sind hierzu insbesondere sogenannnte Reflexionsprinzipien angegeben, womit
aber lediglich ein Anfang in der Beschreibung dieser Beziehungen
gemacht sein dürfte.

Die so formalisierte Meta-Inferenz ist von außerordentlicher Bedeutung für die Praxis; lassen sich doch mit ihr Heuristiken, Kon-
trollstrukturen, tatsächlich sogar die unter Abschnitt 7.2 behandelten Phänomene der Nicht-Monotonie neben vielem anderen in einer
einheitlichen Weise formalisieren. Einiges Material zu diesem
weitreichenden Thema findet man auch in (Kowalski 79).

7.3.3 Lernen

Auch die Notwendigkeit des Lernens hat ihren Ursprung letztlich in
der Struktur des Ich als einem in sich geschlossenen Wissenssy-
stem, dem ein unmittelbarer Zugriff auf das Wissen "außerhalb"
(dem der realen Welt und der anderen Menschen) nicht möglich ist.
In idealisierter Form läßt sich daher Lernen als **Wissensimport**
eines Akteurs (des Lernenden) von einem anderen Akteur (dem Wis-
senden bzw. der realen Welt, den anderen) charakterisieren, der

gewissen Bedingungen des Informationsaustauches unterliegt. Eine dieser Bedingungen besteht darin, daß dem Lieferanten selbst das Wissen nur bruchstückhaft, in Einzelphänomenen, keineswegs in all seinen vielfältigen Bezeihungen verfügbar ist. Diese Zusammenhänge kann sich der Rezipient ausschließlich mittels Inferenz aus den einzelnen Bruchstücken erschließen.

Induktives Schließen, Abstraktion, Analogie, Theorienbildung aber auch Problemlösen, Programmsynthese sind hier einige der einschlägigen Stichworte. Allerdings handelt es sich hier selbst um ein so weites Feld, daß wir uns auf die Nennung dreier ausgewählter Referenzen beschränken wollen, nämlich (Michalski et al. 83), (Biermann et al. 84) und (Biermann 68). Lediglich auf den engen Zusammenhang mit der Meta-Inferenz sei abschließend noch hingewiesen.

Schlußbemerkungen

Wir haben in dieser kurzen Übersicht das Phänomen der Inferenz aus drei verschiedenen Blickwinkeln beleuchtet. Klassisch, unter der idealisierten Annahme, das vorhandene Wissen sei vollständig und exakt beschrieben. Sodann ohne diese idealisierte Annahme. Und schließlich unter dem zusätzlichen und realistischen Aspekt der Verteilung von Wissen auf mehrere Systeme.

Bei der tiefen Bedeutung der Inferenz für die gesamte Intellektik sind wir der Breite des Phänomens natürlich bei weitem nicht gerecht geworden. Insbesondere haben wir speziell Formen der Inferenz, die von den Strukturen der physikalischen Umwelt geprägt sind, bisher nicht einmal erwähnt (siehe (Brown et al. 83) und die dortigen Zitate). So etwa Inferenz, die Zeit, Raum, physikalischen Zustand (flüssig, gasförmig) speziell berücksichtigt. Ob die vorher erwähnten Formalismen, angereichert durch entsprechendes spezifisches Wissen zur Charakterisierung bereits ausreichen, sei an dieser Stelle dahingestellt. Als Arbeitshypothese für die weitere Forschung kann man jedoch allemal vorteilhaft von solch einer Annahme ausgehen.

Dank

Das Typoskript zu diesem Kapitel hätte mit den dem Autor verfügbaren Mitteln in der gegebenen Zeit nicht realisiert werden können ohne das großzügige Angebot von Prof. B. Buchberger, diese Arbeit an seiner Lehrkanzel ausführen zu lassen, wofür ich ihm und seinen Mitarbeitern, insbesondere Herrn F. Winkler, sehr herzlich danken möchte. Die Arbeit wurde teilweise unterstützt aus Mitteln des Projekts Nr. 4567 des Österreichischen Fonds zu Förderung der Wissenschaftlichen Forschung.

Literaturverzeichnis

Bibel, W., Automated theorem proving. Vieweg Verlag (1982).

Bibel, W., Deduktionsverfahren. Proceedings der Frühjahrsschule Künstliche Intelligenz 1982 (W. Bibel, ed.), Fachberichte Informatik **59**, Springer, Berlin, 99-140 (1982a).

Bibel, W., Matings in matrices. C.ACM **26**, 844-852 (1983).

Bibel, W., Inferenzmethoden. Proceedings der Frühjahrsschule Künstliche Intelligenz 1984 (C. Habel, ed.), Fachberichte Informatik, Springer, Berlin, 1-47 (1985).

Bibel, W., Knowledge representation from a deductive point of view. Proceedings of the I IFAC Symposium on Artificial Intelligence, Leningrad, USSR, October 1983 (G.S. Pospelov, ed.), Pergamon Press Ltd. (1984a).

Bibel, W., First-order reasoning about knowledge and belief. Proceedings of the International Conference on Artificial Intelligence and Robotic Control Systems, Smolenice, CSSR, Juni 1984 (I. Plander, ed.), North-Holland, Amsterdam, 9-16 (1984b).

Bibel, W., Methods of automated reasoning. In (Bibel, Jorrand 86).

Bibel, W., Jorrand, Ph., Fundamentals in Artificial Intelligence. Advanced Course on Artificial Intelligence, Vignieu, July 1985, Lecture Notes in Computer Science, Springer, Berlin (1986).

Biermann, A.W., Fundamental mechanisms in machine learning and inductive inference. In (Bibel, Jorrand 86).

Biermann, A., Guiho, G., und Kodratoff, Y., Automatic program construction techniques. MacMillan, New York (1984).

Bowen, K., und Kowalski, R., Amalgamating language and metalanguage in logic programming. In: Logic programming (K.L. Clark et al., eds.), Academic Press, London (1982).

Brown, J.S., und de Kleer, J., The origin, form, and logic of qualitative physical laws. IJCAI-83 (A. Bundy, ed.), Kaufmann, Los Altos, 1158-1169 (1983).

Bundy, A., The computer modelling of mathematical reasoning. Academic Press (1983).

Clark, K., Negation as failure. In: Logic and data bases (H. Gallaire et al., eds.), Plenum Press, New York, 293-322 (1978).

Duda, R., Gaschnig, J., und Hart, P.E., Model design in the PROSPECTOR consultant system for mineral exploration. In: Expert systems in the micro-electronic age (D. Michie, ed.), Edinburgh Univ. Press, 153-167 (1979).

Hughes, G.E., und Cresswell, M.J., An introduction to modal logic. Methuen, London (1968).

Kowalski, R., Logic for problem solving. North-Holland, New York (1979).

Kripke, S., A completeness theorem in modal logic, J. Symb. Logic **24**, 1-14 (1959).

Lewis, C.I., A survey of symbolic logic. Univ. of California, Berkeley (1918).

Loveland, D.W., Automated theorem proving. North-Holland (1978).

McCarthy, J., First-order theories of individual concepts and propositions. In: Expert systems in the micro-electronic age (D. Michie, ed.), Edinburgh Univ. Press, 271-287 (1979).

McCarthy, J., Circumscription - a form of non-monotonic reasoning. Artificial Intelligence 13, 27-39 (1980).

Michalski, R.S., Carbonell, J.G., und Mitchell, T.M., Machine learning. Tioga, Palo Alto (1983).

Moore, R.C., Reasoning about knowledge and action. IJCAI-77, Kaufmann, Los Altos, 223-227 (1977).

Moore, R.C., Semantical considerations on non-monotonic logic. IJCAI-83 (A. Bundy, ed.), Kaufmann, Los Altos, 272-279 (1983).

Nilsson, N.J., Principles of artificial intelligence. Tioga, Palo Alto (1980).

Perlis, D., Languages with self-reference. Artificial Intelligence 25, 301-322 (1985).

Prade, H., A synthetic view of approximate reasoning techniques. IJCAI-83 (A. Bundy, ed.), Kaufmann, Los Altos, 130-136 (1983).

Quinlan, J.R., Internal consistency in plausible reasoning systems. New Generation Computing 3, 157-180 (1985).

Reiter, R., On closed world data bases. In: Logic and data bases (H. Gallaire und J. Minker, eds.), Plenum Press, New York (1978).

Reiter, R., Towards a logical reconstruction of relational data-
    base theory. In: On conceptual modelling: perspectives from
    artificial intelligence, databases and programming languages
    (M. Brodie et al., eds.), Springer, Berlin, 191-238 (1984).

Robinson, J.A., A machine oriented logic based on the resolution
    principle. J.ACM **12**, 23-41 (1965).

Weyrauch, R.W., Prolegomena to a theory of mechanized formal rea-
    soning. Artificial Intelligence **13**, 133-170 (1980).

Zadeh, L.A., A theory of approximate reasoning. In: Machine In-
    telligence 9 (J.E. Hayes et al., eds.), Wiley, New York, 149-
    194, (1979).

8 Automatisches Programmieren

Bruno Buchberger

8.1 Problemstellung

<u>Programmieren</u> (algorithmisches Problemlösen) ist die Tätigkeit, die von einer Problembeschreibung (Problemspezifikation) zu einem auf einer Maschine ausführbaren Algorithmus (Programm, Lösungsverfahren) führt. Zu Beginn des Computerzeitalters vor nunmehr ca. 40 Jahren mußten alle Schritte beim Programmieren von der Problemspezifikation bis zum Programm in der Internsprache des verwendeten Computers vom Menschen ausgeführt werden. Die Entwicklung der Informatik seither kann wesentlich durch den Fortschritt charakterisiert werden, der bei der Unterstützung des Programmierens durch den Computer selbst erzielt wurde. Immer mehr Teilschritte des Programmiervorganges werden als Routinevorgänge erkannt und dementsprechend als vom Computer durchführbare Aufgaben dem Menschen abgenommen, sodaß sich der menschliche Problemlöser immer mehr auf wesentliche, kreative, höhere, zentralere, universellere Aspekte des Problemlösens konzentrieren und beschränken kann.

Das Gebiet des <u>automatischen Programmierens</u> (automatic programming) ist jener Teil der Informatik, der die Entwicklung immer ausgefeilterer Methoden für diese Computer-Unterstützung des Programmiervorganges zum Ziele hat. Sehr frühe Stadien der Computer-Unterstützung des Programmiervorganges (z.B. Assembler und Compiler für ALGOL-ähnliche Sprachen) zählt man allerdings - als heute selbstverständliche Bestandteile einer Programmierumgebung - im heutigen Sprachgebrauch nicht mehr zum Gebiet des automatischen Programmierens. (Vergleiche jedoch frühe Arbeiten zum Compilerbau, in denen Compiler oft als "automatische Programmiersysteme" bezeichnet wurden).

Wenn man künstliche Intelligenz als jenen Teil der Informatik betrachtet, der sich mit der Computer-Realisierung von Verhaltensweisen befaßt, die als "bisher dem Menschen vorbehalten" erscheinen, dann muß man <u>automatisches Programmieren als Teil der künstlichen Intelligenz</u> betrachten, weil das Programmieren (in dem allgemeinen Sinne von "algorithmischem Problemlösen") sicher einer

der anspruchsvollsten menschlichen Aktivitäten ist, wenn nicht
überhaupt geradezu das Paradigma intelligenten Problemlösens. (Die
Angst, daß durch die Automatisierung, besser durch die
"Computer-Unterstützung" des intelligenten Problemlösens der
Mensch "automatisiert" wird, ist unbegründet. In Übereinstimmung
mit alten Traditionen ist intelligentes Aktivsein nur ein Aspekt
der menschlichen Existenz und bewußtes Ruhigsein der andere.) Im
Sinne dieser Eingliederung des automatischen Programmierens in die
künstliche Intelligenz bildet das automatische Programmieren
zusammen mit dem automatischen Beweisen, heuristischen Methoden
des Problemslösens, Inferenz- und Induktionsmethoden etc. einen
Bereich, der zu den anderen vier oder fünf Bereichen der künstlichen Intelligenz wie natürlichsprachliche Systeme, Expertensysteme, Erfassen von Bildern, Robotertechnik, Simulation natürlicher Intelligenz hinzutritt und mit diesen in vielfältiger
Beziehung steht.

Freilich kann man organisch automatisches Programmieren auch als
Teil der Softwaretechnologie betrachten, insbesondere des
Gebiets, das man jetzt oft mit CAS (Computer-Assisted Software
Design) bezeichnet, siehe zum Beispiel (Hesse, 1981). Zur Abgrenzung ist es in diesem Zusammenhang allerdings üblich, daß man mit
"automatischem Programmieren" eher diejenigen Bereiche von CAS
meint, die den formal und logisch tieferliegenden Teil der Entwicklung von korrekten Algorithmen zu Spezifikationen betreffen,
während man andererseits im Bereich des CAS mehr an Fragen der
Computer-Unterstützung der Entwicklung großer Software-Systeme
durch organisatorische Maßnahmen (z.B. Computer-unterstützte
Dokumentation, Menu-gesteuerte Programmstrukturierung etc.)
interessiert ist.

Schließlich kann man automatisches Programmieren auch als Teil des
symbolischen und algebraischen Rechnens (Symbolic and Algebraic
Computation, Formula Manipulation, Symbolic Mathematics,
Computer-Algebra) betrachten. Symbolisches und algebraisches
Rechnen befaßt sich traditionsgemäß (d. h. seit ca. 20 Jahren) mit
der algorithmischen Behandlung von Problemen bei symbolischen und

algebraischen (also nicht-numerischen) Objekten. Symbolische
Objekte sind dabei

    Terme,

    Formeln und

    Programme,

d.h. sprachliche Objekte, die sich durch ihre Semantik (Bedeutung)
voneinander unterscheiden lassen:

    Terme bezeichnen bei Belegung ihrer Variablen ein Objekt,

    Formeln bezeichnen bei Belegung ihrer Variablen einen
        Sachverhalt,

    Programme ergeben für jede Belegung ihrer Variablen eine
        andere Belegung.

Dementsprechend betrachtet man oft

    Computer-Algebra (algorithmische Behandlung von Termen),

    automatisches Beweisen (algorithmische Behandlung von For-
        meln),

    automatisches Programmieren (algorithmische Behandlung von
        Programmen)

als die drei Hauptgebiete des symbolischen und algebraischen
Rechnens. In letzter Zeit sieht man jedoch immer deutlicher, daß
sich diese drei Gebiete nicht voneinander trennen lassen und in
vielen Aspekten eine Einheit bilden, siehe (JSC 1985).

Es gibt _zwei_ _grundsätzliche_ _Wege_, um den Programmiervorgang durch
den Computer zu unterstützen, die sich durch Einführung der Ebene
einer _abstrakten_ _Maschine_ zwischen die Ebene der
Problemspezifikation und der Hardware-Maschine organisch ergeben:

    Problemspezifikation
           ↓   T
    Programm für abstrakte Maschine
           ↓   S
    Programm für konkrete Hardware-Maschine

Durch Einführen der Ebene einer abstrakten Maschine wird der Weg
von der Problemspezifikation zum Programm für die konkrete Hardware-Maschine in zwei große Teilschritte zerlegt:

T. Transformation der Problemspezifikation in ein Programm
   für die abstrakte Maschine,
S. Simulation der Exekution des Programms für die abstrakte
   Maschine auf der konkreten Hardware-Maschine (durch
   Compiler und Interpreter).

Der Programmiervorgang kann nun computer-unterstützt bzw. automatisiert werden:

entweder durch die Entwicklung von immer höheren abstrakten Maschinen, d.h. von immer höheren Programmiersprachen mit zugehörigen Compilern und Interpretern, die den Transformationsweg von der Problemspezifikation zum Programm für die abstrakte Maschine immer kürzer und leichter werden lassen;

oder durch Computer-Unterstützung des Transformationsvorganges von der Problemspezifikation zum Programm für die abstrakte Maschine.

Die Entwicklung immer höherer abstrakter Maschinen bzw. immer höherer Programmiersprachen hat mit den "logischen Programmiersprachen (Abschnitt 8.2) einen gewissen Abschluß gefunden: logische Programmiersprachen benutzen die Problemspezifikation als Programm. Der "Programmiervorgang" schrumpft im wesentlichen auf den "Spezifiziervorgang" bzw. das Ableiten von "algorithmisch brauchbarem Wissen". Die Exekution solcher Programme verlangt aber dementsprechend hochentwickelte Mittel, die im wesentlichen in der Anwendung eines automatischen Beweisers zur "Exekution" der Programme bestehen.

Für die Computer-Unterstützung des Transformationsvorganges von der Problemspezifikation zum Programm für die abstrakte Maschine gibt es im wesentlichen drei Pradigmen:

"Automatische" Programmsynthese (Abschnitt 8.3)
    Gegeben: Grundwissen,
              Problemspezifikation.
    Gesucht: Programm,
    sodaß   das Programm die in der Problemspezifikation
              spezifizierten Eigenschaften hat (unter
              Voraussetzung des Grundwissens)

"Automatische" Programmtransformation (Abschnitt 8.4):
    Gegeben: Grundwissen,
              Programm'.
    Gesucht: Programm",
    sodaß   das Programm" mit dem Programm' äquivalent
              ist, das Programm" jedoch (relativ zu einem
              bestimmten Kriterium von "Güte") besser ist
              als das Programm'.

"Automatische" Programmverifikation (Abschnitt 8.5):
    Gegeben: Grundwissen,
              Problemspezifikation,
              Programm für abstrakte Maschine.
    Frage: Hat das Programm die in der
              Problemspezifikation spezifizierten
              Eigenschaften (unter Voraussetzung des
              Grundwissens)?

"Automatisch" ist hier und im folgenden immer im Sinne von "automatisch oder computer-unterstützt in Interaktion mit dem menschlichen Problemlöser" zu verstehen. Programmieren in sehr hohen Sprachen, automatische Programmsynthese, -transformation und -verifikation sind für die Zukunft als in Programmierumgebungen zusammenspielende Alternativen, nicht als sich gegenseitig ausschließenden Konkurrenten zu betrachten (Abschnitt 8.6).

Literaturhinweise: Zum Gesamtgebiet des automatischen Programmierens findet sich in (Barr, Feigenbaum 1982), Kapitel X, eine Einführung, die sich hauptsächlich auf die Beschreibung exis-

tierender Software-Systeme konzentriert, während wir hier
versuchen, die wesentlichen Basisideen an Beispielen zu
demonstieren. Eine kompakte Einführung ist auch (Biermann 1985).
Für eine Übersicht über die Computer-Algebra siehe (Buchberger,
Collins und Loos, 1982). Über automatisches Beweisen siehe das
Kapitel über automatische Inferenzmethoden in diesem Buch.

8.2 Logisches Programmieren

Zu finden sei ein Programm zur Lösung des folgenden Problems:
    Gegeben: M (eine "Zuordnung").
    Gesucht: V,
    sodaß   V ein "Vertretersystem" für M ist.
(Verwendete Definitionen:
    M ist eine "Zuordnung" genau dann, wenn
        M bildet A in die Potenzmenge von B ab.
    V ist ein "Vertretersystem" für M genau dann, wenn
        V bildet A in B injektiv ab, sodaß
        für alle aϵA: V(a)ϵM(a).
Hier sind A und B "beliebige, aber fixe endliche Mengen" (A und B
sind "global")).

(Eine mögliche Interpretation als "Heiratsproblem":
    A ......   Menge von Burschen,
    B ......   Menge von Mädchen,
    M(a) ...   die mit a befreundeten Mädchen,
    V(a) ...   die von a "Auserwählte".
Also:
    V(a)ϵM(a) ... die Auserwählte von a ist eine der Befreundeten
                von a,
    V injektiv: zwei verschiedene Burschen können nicht dieselbe
                Auserwählte haben).

Das "Programmieren" (im Sinne von "algorithmisches Lösen") eines
solchen Problems zerfällt nun in zwei Teile:

Der kreative Teil: Finden von "algorithmisch brauchbarem
    Wissen".
Der Routineteil: Transformieren dieses Wissens in ein Pro-
    gramm für die zur Verfügung stehende Hardware-Maschine.

Die Transformation in ein Programm für die Hardware-Maschine
sollte als Routinearbeit wohl möglichst selbst einem Computer
überlassen werden können. Um dieses Ziel zu erreichen, sollte
algorithmisch brauchbares Wissen möglichst in der Form, wie es als
mathematisches Wissen abgeleitet (bewiesen) wird, auch bereits als
Programm verwendet werden können. Die dazu notwendige abstrakte
Maschine muß dazu einige Fähigkeiten haben, die weit über die
Fähigkeiten von Hardware-Maschinen in ihrer "nackten" Form
hinausgehen. Wir zeigen das Wesentliche an obigem Beispiel.

Um eine Idee für algorithmisch brauchbares Wissen zu bekommen,
betrachtet man, wie die Objekte, die als Parameter in das Problem
eingehen, aus kleineren Objekten zusammengebaut werden können:
    aus (a,b) und V kann man die Abbildung (a,b).V bilden und
    aus (a,C) und M kann man die Zuordnung (a,C).M bilden
        (falls a nicht im Definitionsbereich von V vorkommt),
(wobei wir (a,b).V für die Vereinigung von {(a,b)} mit V schreiben). Man kann dann beweisen:

(W1) (a,b).V ist ein Vertretersystem für (a,C).M   falls
        V ist ein Vertretersystem für M und
        b $\in$ C   und
        b "kommt nicht vor in" V.

(W2) Die leere Abbildung ist ein Vertretersystem für die leere
        Zuordnung.

(Definition:
    b "kommt nicht vor in" V genau dann, wenn
        für alle (a,b')$\in$V: b' $\neq$ b.)

Das Problem, ein Vertretersystem für (a,C).M zu bestimmen, ist
damit zurückgeführt auf
    dasselbe Problem für die "kleinere" Eingabe M und
    andere Probleme, nämlich
        b ε C und
        b "kommt nicht vor in" V zu entscheiden.

Setzen wir nun einmal voraus, daß sich die Unterprobleme "ε" und
"kommt nicht vor in" algorithmisch lösen lassen! (In der Tat kann
man das in weiteren Verfeinerungsstufen genauso machen wie das
hier für das Hauptproblem gezeigt wurde). Dann läßt sich unter
Verwendung des Wissens (W1), (W2) das Problem, ein Vertretersystem
V für die konkrete Eingabe
    M:= { (1,{1,2}), (2,{1,3}))
zu finden, systematisch (algorithmisch, mechanisch) wie folgt
lösen:
Wegen(W1):
(1) (1,b).V ist ein Vertretersystem für (1,{1,2}) . { (2,{1,3}) }
       <u>falls</u> V ein Vertretersystem für { (2,{1,3}) } <u>und</u>
          b ε {1,2} <u>und</u>
          b kommt nicht vor in V.
(2) (2,b).V ist ein Vertretersystem für (2,{1,3}) . $\emptyset$
       <u>falls</u> V ein Vertretersystem für $\emptyset$ <u>und</u>
          b ε {1,3} <u>und</u>
          b kommt nicht vor in $\emptyset$.
Wegen (W2):
(3)$\emptyset$ ist ein Vertretersystem für $\emptyset$.
Einsetzen von (3) in (2) und Produzieren von
        1 ε {1,3},
        1 kommt nicht vor in $\emptyset$
durch "Aufruf der Unterprogramme" für "ε" und "kommt nicht vor in"
liefert:
(4) (2,1).$\emptyset$ ist ein Vertretersystem für (2,{1,3}) . $\emptyset$.
(4) kann in (1) eingesetzt werden, Produzieren von
        1 ε {1,2}
führt aber in eine Sackgasse, denn
        1 kommt nicht vor in (2,1).$\emptyset$

ist falsch. Durch "Backtracking" muß man zurückgehen zur nächsten
Produktionsmöglichkeit

$$2 \in \{1,2\},$$

die zusammen mit

$$2 \text{ kommt nicht vor in } (2,1).\emptyset$$

und (4) die rechte Seite von (1) erfüllt und damit zu

(5) (1,2).{(2,1)} ist ein Vertretersystem für

$$(1,\{1,2\}) \cdot \{ (2,\{1,3\} \}$$

bzw. zu

(6) { (1,2), (2,1) } ist ein Vertretersystem für

$$\{ (1,\{1,2\}), (2,\{1,3\}) \}$$

führt.

Sobald also "algorithmisch brauchbares Wissen" für das betrachtete
Problem in der Form von "Klausen" der obigen Art (W1), (W2)
("Horn-Klausen") vorhanden ist, kann man dieses Wissen in ganz
mechanischer Art verwenden, um für konkrete Eingaben die Lösung
des Problems zu berechnen.

<u>Logisches Programmieren</u> besteht nun im Anschreiben von Wissen über
die in der Problemspezifikation beschriebene Funktion in der Form
von <u>Hornklausen</u>. Ein <u>logisches Programm</u> ist demnach einfach eine
Menge von Hornklausen. Hornklausen sind prädikatenlogische Formeln
(siehe Kapitel 7 über automatisches Beweisen) der speziellen
Gestalt:

  Literal <u>falls</u> (Literal <u>und</u> Literal <u>und</u> ... <u>und</u> Literal),

wobei Literale negierte oder unnegierte atomare Formeln sind. Die
bekannteste Programmiersprache mit diesem Programmbegriff ist
<u>PROLOG</u>.

Die Möglichkeit, logische Programme automatisch zu exekutieren,
d.h. durch entsprechende Compiler und Interpreter eine abstrakte
Maschine zu realisieren, auf welcher Rechenvorgänge der in obigem
Beispiel beschriebenen Art automatisch ablaufen können, ist ein
wesentlicher Fortschritt der letzten Jahre. Der Interpreter für
solche Programme ist im wesentlichen ein <u>automatischer Beweiser</u>
(Resolutionsbeweiser, siehe Kapitel 7 über automatisches Beweisen).

Grob gesprochen muß ein Interpreter für eine logische Programmiersprache zusätzlich zu den Fähigkeiten der abstrakten Maschinen für
   Assemblersprachen (Fähigkeit: symbolische Adressen),
   ALGOL-ähnliche Sprachen (Fähigkeit: Blockkonzept),
   rekursive Sprachen (Fähigkeit: Stackmechanismus),
noch die Fähigkeit haben,
   Terme (und nicht nur Variable) als formale Parameter zu behandeln (was die Anpassung der Struktur aktueller Parameter an die Termstruktur der formalen Parameter erfordert: "Matchen", "Unifizieren"; siehe Kapitel 7: Automatisches Beweisen)
   und Suchräume selbständig zu durchwandern (Backtracking,
   Depth-first-Suche u.ä.; siehe Kapitel 2: Suchstrategien).

Zusammenfassend besteht der Vorteil des logischen Programmierens
darin, daß Problespezifikationen oft überhaupt nicht oder nur
geringfügig transformiert beziehungsweise mit zusätzlichem Wissen
angereichert werden müssen, um ein lauffähiges Programm zu
erhalten. Logische Programme sind immer korrekt bezüglich der
Problemspezifikation, solange das zusätzliche Wissen, das in das
logische Programm eingebracht wird, aus dem Grundwissen folgt, das
man über die Grundfunktionen hat, die in der Problemspezifikation
vorkommen. Die Termination und die Komplexität der Berechnungen
ist allerdings genauso ein Problem wie bei jedem andern Typ von
Programmiersprache.

Literaturhinweise zum logischen Programmieren: Der Gedanke des
logischen Programmierens ist ca. 1974 entstanden. Wie viele andere
Ideen, "lag er in der Luft" und wurde von verschiedenen Autoren
explizit formuliert. Für die grundlegenden Ideen siehe das
Lehrbuch (Kowalski 1979). Von aktuellen Forschungsthemen gibt
(Clark, Tärnlund 1982) einen Eindruck. PROLOG-Einführungen sind
(Clocksin, Mellish 1981) und (Clark, McCabe 1984). Dieses letzte
Buch ist besonders leicht lesbar. - Eine gewisse Zwischenstufe
zwischem dem rekursiven, funktionalen Programmieren (wie z.B.
LISP) und dem logische Programmieren stellt das Rewrite-Rule-
Programmieren (bzw. Programmieren durch Spezifikation abstrakter

Datentypen) dar. Dieser Ansatz ist allerdings noch nicht so weit als praktische Programmiersprache ausgebaut wie PROLOG. Es wird aber an vielen Stellen daran gearbeitet, siehe z. B. (Lescanne 1983). In diesem Zusammenhang ist unter anderem das Erzwingen der Church-Rosser-Eigenschaft von Term-Reduktionssystemen durch "Critical-Pair/Completion" Algorithmen eine grundlegende Technik, die in speziellem Kontext in (Buchberger 1965) und in allgemeinerer Form in (Knuth-Bendix 1967) eingeführt wurde, siehe auch (Buchberger 85).

8.3 Automatische Programmsynthese

Logisches Programmieren verkürzt zwar den Weg zwischen Problem-spezifikation und exekutierbarem Programm, das Erzeugen von algorithmisch brauchbarem Wissen (durch Beweisen) in Form von Hornklausen (verallgemeinerten Rewrite-Regeln) liegt aber vollkommen in der Hand des menschlichen Programmierers. Bei der automatischen Programmsynthese geht es um die Computer-Unter-stützung des Obergangs von der Problemspezifikation zum Programm (für irgendeine abstrakte Maschine; natürlich wird auch die Automatisierung dieses Obergangs umso leichter sein, je höhere Programmiersprachen man als Zielsprache betrachtet).

Eine der Ideen für die Computer-Unterstützung dieses Obergangs ist die Extraktion von Algorithmen aus automatischen oder halbautomatischen Existenzbeweisen.

In spezieller Weise liegt diese Idee bereits dem logischen Programmieren zugrunde. Z. B. kann das Berechnen eines Vertreter-systems V zur konkreten Eingabe $M_0 := \{ (1,\{1,2\}), (2,\{1,3\} \}$ auch als automatischer Beweis der Aussage

"Es existiert ein V, sodaß V ist ein Vertretersystem für M_0" unter Verwendung des Hornklausen-Wissens (W1), (W2) betrachtet werden, wobei im Laufe des Beweises die auftretenden Substitutio-nen von konkreten Werten für Variable "gesammelt" werden und schließlich in ihrer Kombination die "Ausgabe" (die Antwort, den lösenden Ausdruck) liefern. Allgemein kann die Exekution von logischen Programmen auf einer "PROLOG-Maschine" als Beweis von Existenzaussagen der folgenden Art betrachtet werden:

"Es existiert ein y, sodaß $P(x_0,y)$",

wobei $P(x,y)$ die Aussage ist, die den gewünschten Zusammenhang zwischen möglichen Eingaben und den zulässigen Ausgaben des Problems beschreibt. P ist also die Problemspezifikation. (Über die Praxis des formalen Spezifizierens siehe (Buchberger, Lichtenberger 81), S. 28-72. x_0 bezeichnet hier einen fixen Eingabewert (sprachlich: ein Term ohne freie Variable, z.B. eine Konstante).

Eine automatische Programmsynthese kann erfolgen, wenn es gelingt, allgemeine Existenzaussagen mit variabler Eingabe zu beweisen. Genauer sind die zwei Schritte einer automatischen Programmsynthese mit dem Gedanken "Extraktion von Algorithmen aus Existenzbeweisen":

1. Beweise (automatisch oder halbautomatisch):
   "Für alle x existiert ein y, sodaß $P(x,y)$",
   wobei P die Problemspezifikation ist.
2. Extrahiere aus dem Existenzbeweis den "lösenden Term", das ist ein Term $t(x)$ für welchen gilt:
   "Für alle x $P(x,t(x))$".

Dieser Gedanke zur (halb)automatischen Programmsynthese wurde Anfang 1970 stark verfolgt. Zwischenzeitlich war er in den Hintergrund gerückt, weil in den üblichen universellen Beweisern das Instrument der Induktion, das für Beweise in algorithmischen Strukturen von grundlegender Bedeutung ist, nur über Umwege eingeführt werden kann. In der Zwischenzeit wurde die Technik des automatischen Beweisens stark verbessert. Der Gedanke der Extraktion von Algorithmen aus Existenzbeweisen lebt deshalb wieder auf. Hier sei ein auf diesem Gedanken aufbauendes neueres System von (Manna, Waldinger 1980) skizziert: Ein Beweis ist dabei eine "Sequenz" der folgenden Art

Behauptungen	Ziele	lösende Terme
$A_1(a,x)$		$s_1(a,x)$
$A_2(a,x)$		$s_2(a,x)$
	$G_1(a,x)$	$t_1(a,x)$
$A_3(a,x)$		$s_3(a,x)$
	$G_2(a,x)$	$t_2(a,x)$
	$G_3(a,x)$	$t_3(a,x)$

(a ... ein Konstantenvektor, x ... ein Variablenvektor, A_i, G_i ... Aussagen, s_i, t_i ... Terme). Eine solche Sequenz hat die Bedeutung:

<pre>
    Wenn für alle x A₁(a,x) und
         für alle x A₂(a,x) und
         für alle x A₃(a,x)
    dann für ein x G₁(a,x) oder
         für ein x G₂(a,x) oder
         für ein x G₃(a,x).
</pre>

Wenn eine Instanz eines Ziels $G_i(a,x)$ wahr ist (oder eine Instanz einer Behauptung $A_i(a,x)$ falsch), dann ist die entsprechende Instanz von $t_i(a,x)$ (bzw. $s_i(a,x)$) ein Beispiel ("lösender Term") für das ursprüngliche Problem. Ein Beweis geschieht dadurch, daß zu einer bestehenden Sequenz durch Anwenden bestimmter Schluß- regeln neue Zeilen hinzugefügt werden. Es sind vier Gruppen von Schlußregeln vorgesehen: Splitting Regeln, Transformationsregeln, verallgemeinerte Resolutionsregeln und strukturelle Induktion. Es kann hier alles nur an einem Beispiel gezeigt werden.

<u>Beispiel</u> (Manna, Waldinger 1980): Quotient und Rest bei ganzzahliger Division. Als Startzeilen einer Sequenz stellt man dieses Problem wie folgt dar:

Behauptungen	Ziele	lösende Terme
		div(i,j) rem(i,j)

```
B1: 0<i und 0≤j
    (Eingabebedingung)  Z2: i=y.j+z und      T:  y;           z;
                            0<z≤j
                            (Ausgabebedingung)
```

Als Grundwissen über =, < fügt man hinzu:

```
B3. u=u
B4. (u<v ==> nicht(v≤u))
```

Durch Anwenden der "Splitting Regel" erhält man

```
B5. 0<i
B6. 0≤j
```

Wissen über die Multiplikation verwendet man als "Transformations
regeln", und zwar:

$$0.v \rightarrow 0$$
$$(u+1).v \rightarrow u.v+v.$$

Anwendung der ersten dieser Transformationsregeln auf Ziel Z2
führt zu:

```
                        Z7. i=0+z und 0<z≤j   T:  0;          z;
```

Ähnlich führt die Anwendung der Transformationsregel $0+v \rightarrow v$ zu

```
                        Z8. i=z und 0<z≤j     T:  0;          z;
```

Resolution angewandt auf B3 und Z8 führt zu

```
                        Z9. 0<i≤j             T:  0;          i;
```

Nochmals Resolution angewandt auf B5 und Z9 führt zu

```
                        Z10. i≤j              T:  0;          i;
```

(In diesem Stadium kann man aus dem Beweis ablesen, daß im Fall
$i<j$, 0 und i die Werte von Quotient und Rest sind). Auf das Ziel
Z2 kann man jetzt die zweite Transformationsregel für die
Multiplikation anwenden und erhält

$$Z11. \quad i = y_1 \cdot j + j + z \text{ und} \quad T: \quad y_1 + 1; \qquad z;$$
$$0 < z < j$$

Die Transformationsregel $u = v + w \rightarrow u - v = w$, angewandt auf Z11, ergibt:

$$Z12. \quad i - j = y_1 \cdot j + z \text{ und} \quad T: \quad y_1 + 1; \qquad z;$$
$$0 < z < j$$

Ziel Z12 hat nun wieder genau die Gestalt des ursprünglichen
Zieles Z2. An dieser Stelle wird die entsprechende Induktions-
hypothese eingeführt:

B13. Wenn $(u_1, u_2) < (i, j)$, dann
     (wenn $0 < u_1$ und $0 < u_2$,
      dann $u_1 = \mathrm{div}(u_1, u_2) \cdot u_2 + \mathrm{rem}(u_1, u_2)$
          und $0 < \mathrm{rem}(u_1, u_2) < u_2$)

Durch Resolution zwischen Z12 und B13 erhält man

$$Z14. \quad (i-j, j) < (i, j) \qquad T: \quad \mathrm{div}(i-j, j) + 1;$$
$$\text{und } 0 < i - j \qquad\qquad \mathrm{rem}(i-j, j);$$
$$\text{und } 0 < j$$

Jetzt muß eine geeignete noethersche Ordnung zur Verfügung stehen,
z.B. die durch die folgende Transformationsregel definierte
Ordnung $<'$:

$$(u_1, u_2) <' (v_1, v_2) \rightarrow \underline{\text{true}}, \text{ wenn } u_1 < v_1.$$

Dadurch entsteht das neue Ziel

$$Z15. \quad i-j < i \qquad\qquad T: \quad div(i-j,j)+1;$$
$$und \; 0 < i-j \qquad\qquad rem(i-j,j);$$
$$und \; 0 < j$$

Daraus folgt im wesentlichen durch Resolution mit den Behauptungen
B6 (0 < j) und B4 (u < v ===> nicht(v < u))

$$Z16. \quad nicht(i < j) \qquad T: \quad div(i-j,j)+1;$$
$$rem(i-j,j);$$

(D.h. man weiß in diesem Stadium des Beweises, daß im Fall j < i
Quotient und Rest von i und j durch div(i-j,j)+1 und rem(i-j,j)
"rekursiv" bestimmt werden können). Aus Z10 und Z16 kann man
schließlich durch einen (etwas modifizierten) Resolutionsschritt

$$\begin{array}{llll}
 & T: \; div(i,j): & \qquad rem(i,j): \\
Z19. \; \underline{true} & \underline{if} \; i < j & \qquad \underline{if} \; i < j \\
 & \underline{then} \; 0 & \qquad \underline{then} \; i \\
 & \underline{else} & \qquad \underline{else} \\
 & \quad div(i-j,j)+1 & \qquad rem(i-j,j)
\end{array}$$

erhalten. <u>true</u> in der Zielspalte zeigt an, daß man aus den Spalten
für die lösenden Terme die endgültigen (rekursiven) Programme für
div und rem entnehmen kann.

Freilich ist der obige Beweis zunächst "händisch". Die Schwierigkeiten der Sequenz der Beweisschritte ist aber auf weite Strecken
nicht von einer höheren Stufe als z.B. bei Resolutionsbeweisern
für das universelle Beweisen in der Prädikatenlogik. An manchen
Stellen scheint ein Einbringen einer "Idee" in den Beweis jedoch
notwendig (und wahrscheinlich auch "wünschenswert") zu sein. Auf
jeden Fall gibt dieses Beweissystem jedoch eine Vorstellung,
inwieweit eine Automatisierung bzw. Computer-Unterstützung der
Programmsynthese möglich erscheint. (Manna, Waldinger 1983)
enthält ein nicht-triviales Beispiel einer ("händischen")
Programmsynthese mit diesem Deduktionssystem, in welchem die
(wenigen) Stellen der Deduktion, die für eine Automatisierung
schwierig erscheinen, genau analysiert sind.

<u>Literaturhinweise zur automatischen Programmsynthese</u>: Beispiele
anderer Grundgedanken zur automatischen Programmsynthese sind:
Programmsynthese aus Beispielen von Ein-/Ausgabe-Paaren, siehe
z.B. (Jouannaud, Kodratoff 1983); "<u>C</u>omputer Aided <u>I</u>ntuition Guided
<u>P</u>rogramming", siehe (Bauer et al. 1983); "Falten und Entfalten",
siehe z. B. (Darlington 1983); "Syntax-Directed, Semantics-Supported Program Synthesis", eine Kombination von automatischem
Beweisen und heuristischen Problemlösestrategien, siehe (Bibel
1980); Umwandlung von "Zweiparameter-Algorithmen in ein Spektrum
von Einparameter-Algorithmen", siehe (Goad 1982). Einen Einblick
in aktuelle Forschungsthemen gibt (Biermann, Guiho 1983).

8.4 Automatische Programmtransformation

Praktisch sind Software-Systeme und Methoden für die automatische
Programmsynthese eng mit der automatischen Programmtransformation
verwoben. Dies umso mehr, da die Programmiersprachen, in welchen
die synthetisierten Programme formuliert sind, meist sehr hoch
sind. Trotzdem gibt es typische Techniken, die für die
automatische Transformation von Programmen entwickelt wurden,
deren Korrektheit relativ zu einer Problemspezifikation bereits
als gegeben vorausgesetzt werden kann. Eine solche Technik ist die
in (Darlington, Burstall 1976) und (Burstall, Darlington 1977)
beschriebene. Sie besteht im wesentlichen in folgendem
Dreischritt:
    1. Entfalten
    2. Anwenden von algebraischen Gesetzen
    3. Falten.

"Entfalten" besteht dabei im wiederholten Ersetzen und Einsetzen
unter Verwendung der Definitionen bzw. rekursiven Beziehungen
zwischen den beteiligten Funktionen.

Den entstehenden Ausdruck kann man mit Hilfe der für die
beteiligten Funktionen gültigen Gesetze (z.B. Assoziativität,
Kommutativität) in eine andere Gestalt bringen.

In dieser neuen Form kann man versuchen, eine Instanz des definierenden Terms der interessierenden Funktion wiederzufinden und durch einen Aufruf der interessierenden Funktion (für ein "kleineres" Argument) zu ersetzen ("Falten"). Wir beschreiben nur die Faltungsoperation genauer. Alles andere wird wieder nur an einem Beispiel gezeigt.

<u>Faltungsregel</u>: Wenn $E \leftarrow E'$ und $F \leftarrow F'$ Gleichungen sind und in F' eine Instanz $E'_x[t]$ von E' vorkommt, dann darf man

$$F \leftarrow F''$$

als neue Gleichung einführen, wo F'' aus F' dadurch entsteht, daß man $E'_x[t]$ durch $E_x[t]$ ersetzt.

Diese und die anderen harmlos aussehenden Regeln haben, im Sinne der <u>Strategie "Entfalten, Umwandeln, Falten</u>" angewandt, eine sehr große effizienzverbessernde Kraft. (Dies ist andererseits nicht verwunderlich, da die Regeln "Einsetzen" und "Ersetzen" im wesentlichen bereits einen universellen Computer konstituieren).

<u>Beispiel</u> der Transformation eines rekursiven Prgramms in ein effizienteres (Burstall, Darlington 1977): Man betrachte folgende rekursive "Definition" der Fibonacci-Zahlen:

(1) $f(0) \leftarrow 1$
(2) $f(1) \leftarrow 1$
(3) $f(x+2) \leftarrow f(x+1) + f(x)$

Man transformiert in folgenden Schritten:

* (4) $g(x) \leftarrow (f(x+1), f(x))$ (mit "Definitionsregel")
(5) $g(0) \leftarrow (f(1), f(0))$ (mit "Substitutionsregel" aus (4))
(6) $g(0) \leftarrow (1,1)$ (mit "Entfaltungsregel" aus (5) und (1),(2))
(7) $g(x+1) \leftarrow (f(x+2), f(x+1))$ (mit "Substitutionsregel" aus (4))
(8) $g(x+1) \leftarrow (f(x+1)+f(x), f(x+1))$
       (mit "Entfaltungsregel" aus (7),(3))
(9) $g(x+1) \leftarrow (u+v, u)$,   wobei $(u,v) = (f(x+1), f(x))$
       (mit "Wobei-Regel" aus (8))
(10) $g(x+1) \leftarrow (u+v, u)$,   wobei $(u,v) = g(x)$

```
                                    (mit Faltungsregel aus (9),(4))
(11) f(x+2) ← u+v,      wobei (u,v) = (f(x+1),f(x))
                                    (mit "Wobei-Regel" aus (3))
(12) f(x+2) ← u+v,      wobei (u,v) = g(x)
                                    (mit Faltungsregel aus (11),(4)).
```

Zusammenfassend erhält man folgendes rekursive Programm für f:

```
f(0) ← 1
f(1) ← 1
f(x+2) ← u+v,    wobei (u,v) = g(x)
g(0) ← (1,1)
g(x+1) ← (u+v,u),    wobei (u,v) = g(x).
```

Die Berechnung von f(n) nach dem ursprünglichen Programm braucht exponentiell viele Schritte (Additionen), nach dem zweiten nur linear viele Schritte. Die einzige Stelle, wo eine "Idee" notwendig ist, ist die mit (*) gekennzeichnete. Dort muß man eine Idee für eine "günstige" Definition der neuen Funktion g haben. Alles andere verläuft mechanisch.

<u>Literaturhinweise zur automatischen Programmtransformation</u>: Das Projekt, in welchem der Gedanke der computer-unterstützten (aber durch die "Intuition geführten") Programmtransformationen am konsequentesten durchgeführt wird, ist CIP, siehe (Bauer et al. 1983). In engem Zusammenhang mit dem Themenkreis der automatischen Programmtransformationen stehen natürlich die seit langem studierten Techniken der Compiler-Optimierung, siehe z. B. (Zima 1983), Kapitel 7. Viel Material zu Programmtransformationen wurde auch im Zusammenhang mit dem Studium der "Programmschemata" zusammengetragen, siehe z. B. (Greibach 1975). Ebenso gehören hierher die an vielen Stellen studierten Möglichkeiten, spezielle Typen rekursiver Programme in effizientere iterative Programme zu transformieren, siehe z. B. den Algorithmus für ein Nimmspiel in (Buchberger, Lichtenberger 80), S. 224 ff.

8.5 Automatische Programmverifikation

Methoden zur computer-unterstützten Programmverifikation zerlegen das Problem der Verifikation in zwei Teile:

1. Generierung eines oder mehrerer Lemmata aus der Problemspezifikation und dem Programm, sodaß die Korrektheit des Programms relativ zur Problemspezifikation garantiert ist, falls die Lemmata bewiesen sind.
2. Computer-unterstützter Beweis der Lemmata.

Meist muß man in den Generator für die Lemmata zusätzlich zur Problemspezifikation und zum Programm noch einige weitere Information über das Programm einbringen. Die Generierung der Lemmata ("Verifikationsbedingungen") ist aber dann ein völlig automatisierbarer Vorgang.

Der Computer-unterstützte Beweis geschieht dann entweder mit einem universellen automatischen Beweiser oder mit speziellen Beweisern, die für den bestimmten Datentyp, über welchem das Programm arbeitet, sehr viel effizientere Beweise ausführen kann als ein universeller Beweiser.

Eine bekannte Methode der Programmverifikation, die als Grundlage für die computer-unterstützte Programmverifikation dienen kann, ist die <u>Methode von Floyd-Naur-Hoare</u> (Methode der induktiven Behauptungen) für ALGOL-ähnliche Programme. (Man schreibt "{E} S {A}" für die Korrektheitsaussage "Für alle x: wenn E(x) vor Ausführung des Programms S für die vorliegenden Werte der Programmvariablen x gilt, dann gilt A(x) nach Ausführung von S für die dann aktuellen Werte der Programmvariablen x". x ... ein Variablenvektor). Für jedes zusammengesetzte Sprachkonstrukt gibt es dann eine Regel, wie der Beweis der Korrektheitsaussage für dieses Sprachkonstrukt zurückgeführt werden kann auf den Beweis der Korrektheitsaussagen für die einzelnen Teilsprachkonstrukte. Wir geben nur ein Beispiel einer solchen Regel und zeigen alles andere wieder an einem Beispiel:

Regel für <u>while</u>-Schleifen:
Um

    {E} P; <u>while</u> B <u>do</u> Q; R {A}

zu zeigen, genügt es, eine Aussage I ("Schleifeninvariante"), eine noethersche Relation $\ll$ auf einer Menge M und einen Term t ("Terminationsterm") zu suchen, für die man folgendes beweisen kann:

    {E} P {I},
    aus (I und B) folgt t ε M,
    {I und B und t=T} Q {I und t$\ll$T} (T .. eine neue Variable),
    {I und nicht B} R   {A}.

<u>Beispiel für eine Programmverifikation</u>: Betrachte den Euklidischen Algorithmus zur Bestimmung des größten gemeinsamen Teilers (GGT) von zwei natürlichen Zahlen m, n zusammen mit seiner Spezifikation:

    {m,n $\in$ **N**}
    (z,r):= (m,n)
    (*)
    <u>while</u> r$\neq$0 <u>do</u> (z,r):= (r,Rest(z,r))
    {z = GGT(m,n)}.

Hier steht "Rest(z,r)" für den Rest bei der ganzzahligen Division von z durch r. Als induktive Behauptung an der Stelle (*) wählen wir

    GGT(z,r) = GGT(m,n), z$\neq$0 oder r$\neq$0,

als Menge M mit noetherscher Relation wählen wir N mit der Kleinerbeziehung und als Terminationsterm r. Gemäß der Regel für <u>while</u>-Schleifen muß man dann zeigen:

(1) { m,nε**N** } (z,r):= (m,n) { GGT(z,r)=GGT(m,n), z$\neq$0 oder r$\neq$0 },
(2) aus GGT(z,r)=GGT(m,n), z$\neq$0 oder r$\neq$0, r$\neq$0   folgt rεN,

(3) { GGT(z,r)=GGT(m,n), z≠0 oder r≠0, r≠0, r=T }
       (z,r):= (r,Rest(z,r))
     { GGT(z,r)=GGT(m,n), z≠0 oder r≠0, r<T },
(4) { GGT(z,r)=GGT(m,n), z≠0 oder r≠0, r=0 }   { z=GGT(m,n) }.

(1), (2) und (4) sind leicht zu zeigen. (3) wird durch Anwenden
der "Zuweisungsregel" aufgelöst in

(3') Aus GGT(z,r)=GGT(m,n), z≠0 oder r≠0, r≠0, r=T
       folgt GGT(r,Rest(z,r))=GGT(m,n), r≠0 oder Rest(z,r)≠0,
       Rest(z,r)<T.

(3') folgt aber unmittelbar aus dem folgenden Wissen über den GGT:

(W) aus r≠0 folgt GGT(z,r)=GGT(r,Rest(z,r)).

Wir beobachten an dem Beispiel einige für die automatische
Programmverifikation grundsätzlich wichtige Dinge:

1. Die Erstellung der zu beweisenden Aussagen der Art (3') etc.
    ("Verifikationsbedingungen") aus der Problemspezifikation, dem
    Programm und den induktiven Behauptungen ist ein vollkommen
    mechanischer Vorgang, der leicht automatisiert werden kann.

2. Der Beweis der Verifikationsbedingungen zerfällt in einen
    wesentlichen Teil, der im wesentlichen das algorithmisch
    brauchbare Wissen benutzt, das auch zum Entwurf des Algorith-
    mus (z.B. in Form eines logischen Programms) zentral ist
    (siehe (W) im Beispiel), und in triviale Teile, wie z.B. der
    Beweis von (1), der im wesentlichen mit leichten Substi-
    tutionen etc. auskommt.

3. Der "triviale" Teil ist leicht automatisierbar und es ist auch
    hilfreich, diese Routineteile des Beweises zu automatisieren.
    Der "wesentliche Teil" kann auch leicht automatisiert werden,
    sobald das nötige algorithmische Wissen zur Verfügung gestellt
    wird. Der Beweis dieses Wissens kann allerdings beliebig

schwierig sein, in ihm steckt der "kreative" Teil des
Algorithmenentwurfs.

4. Programmverifikation ist nur sinnvoll, wenn sie <u>in den Ent-
    wurfsprozeß</u> eingebettet ist. Das algorithmische Wissen, das
    den Entwurfsprozeß leitet, ist eben auch dasjenige, welches
    über die zentralen Stellen des Korrektheitsbeweises führt.
    Verifikation von "fertigen" Programmen bezüglich vorgegebener
    Spezifikationen ist "unnatürlich", weil man beim Verifizieren
    das Programm noch einmal entwickeln muß.

<u>Literaturhinweise zur automatischen Programmverifikation</u>: Das
bisher am weitesten entwickelte Verifikationssystem ist der
Stanford-PASCAL-Verifier, siehe (Luckham et al., 1979), (Polak
1981). Dieses System baut auf der Methode der induktiven
Behauptungen auf und kann den Entwicklungsprozeß von logisch
durchaus anspruchsvollen Algorithmen zu einem sehr großen Teil
automatisch unterstützen. Andere fortgeschrittene Programmverifi-
kationssysteme sind z.B.: das System von (Boyer, Moore 1979), das
als Programmiersprache und als Beweissprache eine LISP-ähnliche
Sprache verwendet; das AFFIRM-System, siehe (Gerhart et al.,
1980), das auf dem Konzept der abstrakten Datentypen aufbaut
(siehe die Bibliographie über abstrakte Datentypen (Kutzler,
Lichtenberger 1983)); das LCF-System, das auf dem Lambda-Kalkül
basiert, siehe (Gordon, Milner, Wadsworth 1979). Für eine
detailierte Einführung in die Praxis der "händischen" Programmverifikation in Verbindung mit einer praktischen Einführung in die
Technik des Beweisens siehe (Buchberger, Lichtenberger 1980).
Leider gibt es noch sehr wenig zusammenfassende Literatur zu
speziellen automatischen Beweisern, die im Rahmen der Programmverifikation sicher eine mindestens ebenso wichtige Rolle wie
universelle Beweiser spielen. Ein Beispiel eines speziellen
Beweiser ist (Nelson, Oppen 1980).

8.6 Ein integrierter Software-Arbeitsplatz

Die verschiedenen Ansätze zum automatischen Programmieren sind derzeit in verschiedenen experimentellen Pilotsystemen implementiert. In Zusammenhang mit den vielfältigen Bemühungen, das Management des Software-Entwicklungsprozesses durch den Computer zu unterstützen, die Computer-Ein-/Ausgabe durch graphische und natürlichsprachliche Schnittstellen zu erleichtern, Expertenwissen in Expertensystemen und Methodenbanken zur Verfügung zu stellen, die Potenz zur Erarbeitung von algorithmisch brauchbarem Wissen durch universelle und spezielle automatische Beweiser zu vergrößern, gewisse Transformationsprozesse auf mathematischen Objekten zu automatisieren ("Computer-Algebra"), sollten in naher Zukunft modular aufgebaute Systeme entstehen, die den Problemlöseprozeß von der vagen Problemformulierung über die exakte Problemspezifikation im Rahmen einer formalen, deskriptiven Sprache bis hin zum korrekten, effizienten und auf einer abstrakten Maschine lauffähigen Programm unterstützen. Dabei sollte der Mensch weder bezüglich seines Problemlösestils eingeschränkt werden, sondern unter verschiedenen "Philosophien" angepaßt an das Problem und den Stand der Problemlösung wählen können, noch erscheint es sinnvoll, ihm alle kreativen Aktionen während des Problemlöseprozesses abzunehmen. Flexible Systeme, die die verschiedenen Ansätze und das damit gewonnene Know-How integrieren, erscheinen für die nächste Zukunft realisierbar und erstrebenswert. In (Buchberger 82) wird ein Studienschwerpunkt im Rahmen der Informatik bzw. Mathematik beschrieben, der versucht, die Studenten in die formalen und praktischen Aspekte solcher intergrierter Systeme einzuführen. (JSC 1985) ist ein Journal, das die jeweils neuesten Informationen über die Grundlegung und die Praxis dieser integrierten Softwaresysteme veröffentlicht.

Dank: Diese Arbeit wurde durch den Österreichischen Fonds zur Förderung der wissenschaftlichen Forschung unterstützt (Projekt Nr. 4567).

8.7 Literatur

- Barr A., Feigenbaum E. A.: The Handbook of Artificial Intelligence. Vol. II, Heuristech Press, Stanford; 1982.

- Bauer F. L. und CIP Language Group: The Munich Project CIP, Vol.I: The Wide Spectrum Language 85. Bericht, Technische Universität München, Institut für Informatik; Dezember 1983.

- Bibel W.: Syntax-Directed, Semantics-Supported Program Synthesis. Artificial Intelligence 14, 243-261; 1980.

- Biermann A. W.: Automated Programming: A Tutorial in Formal Methodologies. Journal of Symbolic Computation, 1/2, 119-142; 1985.

- Biermann A. W., Guiho G. (Hsg.): Computer Program Synthesis Methodologies. Proc. of the NATO Advanced Study Institute, Bonas, September 1981, Reidel Publ. Comp., Dodrecht, Boston, London; 1983.

- Boyer R. S., Moore J. S.: A Computational Logic. Academic Press, New York - London; 1979.

- Buchberger B.: Ein algorithmisches Kriterium für die Lösbarkeit algebraischer Gleichungssysteme. Aequationes mathematicae 4(3), 374-383; 1970. (Publikation der Dissertation, Univ. Innsbruck, 1965).

- Buchberger B.: Studienschwerpunkt CAMP (Computer-Aided Mathematical Problem Solving) an der Universität Linz. Bericht Nr. CAMP 82-4.1, Institut für Mathematik, Universität Linz; 1982.

- Buchberger B.: Gröbner-Bases: An Algorithmic Method in Polynomial Ideal Theory. In: Multidimensional Systems Theory (N. K. Bose Hsg.), D. Reidel Publ. Comp., Dodrecht, Boston, London, 184-232; 1985.

- Buchberger B., Collins G. E., Loos R.: Computer-Algebra (Symbolic and Algebraic Computation). Springer-Verlag, Wien - New York; 1982 (2. Auflage 1983).

- Buchberger B., Lichtenberger F.: Mathematik für Informatiker I (Die Methode der Mathematik). Springer-Verlag, Berlin - Heidelberg - New York; 1980 (2. Auflage 1981).

- Burstall R. M., Darlington J.: A Transformation System for Developing Recursive Programs. J. ACM 24(1), 1977.

- Clark K. L., McCabe F. G.: Micro-Prolog: Programming in Logic. Prentice-Hall, Engelwood Cliffs, N.J.; 1984.

- Clark K. L., Tärnlund S.-A. (Hsg.): Logic Programming. Academic Press, London; 1982.

- Clocksin W. F., Mellish C. S.: Programming in Prolog. Springer, Berlin - Heidelberg - New York; 1981.

- Darlington J.: The Synthesis of Implementations for Abstract Data Types, A Program Transformation Tactic. In (Biermann, Guiho 1983), 309-334.

- Darlington J., Burstall R. M.: A System which Automatically Improves Programs. Acta Informatica 6, 41-60; 1976.

- Gerhart S. L. and AFFIRM group: An Overview of AFFIRM: A Specification and Verification System. Proc. of the IFIP Congress 1980 (Lavington S. H. Hsg.), 343-347; 1980.

- Goad C. A.: Automatic Construction of Special Purpose Programs. Proc. 6th Conference on Automated Deduction, Springer Lecture Notes in Computer Science 138 (Loveland D. W. Hsg.), Berlin - Heidelberg - New York - Tokyo; 1982.

- Gordon M. J., Milner A. J., Wadsworth C. P.: Edinburgh LCF.
Lecture Notes in Computer Science 78, Springer, Berlin; 1979.

- Greibach S. A.: Theory of Program Structures: Schemes, Semantics, Verification. Lecture Notes in Computer Science 36,
Springer, Berlin - Heidelberg - New York; 1975.

- Hesse W.: Methoden und Werkzeuge für Software-Entwicklung: Ein
Marsch durch die Technologie-Landschaft. Informatik-Spektrum
4 (4), 229-245; 1981.

- Jouannaud J.-P., Kodratoff Y.: Program Synthesis from Examples
of Behavior. In: (Biermann, Guiho 1983), 213 - 250.

- JSC 1985: Journal of Symbolic Computation (Herausgeber: B. Buchberger et al.), Vol.1 ff. Academic Press London; 1985ff.

- Knuth D. E., Bendix P. B.: Simple Word Problems in Universal
Algebras. Proc. of the Conf. on Computational Problems in
Abstract Algebra, Oxford 1967 (Leech J., Hsg.), 263-298,
Pergamon Press, Oxford; 1970.

- Kowalski R.: Logic for Problem Solving. North-Holland, New York
- Oxford; 1979.

- Kutzler B., Lichtenberger F.: Bibliography on Abstract Data
Types. Informatik Fachberichte 68, Springer, Berlin - Heidelberg
- New York - Tokyo; 1983.

- Lescanne P.: Computer Experiments With the REVE Term Rewriting
System Generator. Proc. of the Principles of Programming
Languages Conference; 1983.

- Luckham D. C. and PASCAL Verifier Group: Stanford PASCAL Verifier User Manual. Stanford, Computer Science Department, Report
No. STAN-CS-79-731; 1979.

- Manna Z., Waldinger R.: A Deductive Approach to Program Synthesis. ACM TOPLAS 2/1, 92-121; 1980.

- Manna Z., Waldinger R.: Deductive Synthesis of the Unification Algorithm. In: (Biermann, Guiho 1983), 251-308.

- Nelson C. G., Oppen D. C.: Fast Decision Procedures Based on Congruence Closure. J. ACM 27(2), 356-364; 1980.

- Polak W.: Program Verification at Stanford: Past, Present, Future.   Report, Stanford University, Computer Systems Laboratory; 1981.

- Zima H.: Compilerbau II (Synthese und Optimierung). Reihe Informatik 37, Bibliographisches Institut, Mannheim, Wien, Zürich; 1983.

9 Zukunft und Auswirkungen der Artificial Intelligence

Robert Trappl

9.1 Hat die AI eine Zukunft?

Lange Zeit hindurch sah es nicht so aus. 1958 hatten Herbert Simon und Allan Newell unvorsichtigerweise prognostiziert: "Within ten years a digital computer will be the world's chess champion, unless the rules bar it from competition; a digital computer will discover and prove an important mathematical theorem; most theories in psychology will take the form of computer programs, or of qualitiative statements about the characteristics of computer programs" (Simon and Newell, 1958). Dieser Satz wird auch heute noch oft von uninformierten AI Kritikern (es gibt auch infomierte) als Argument verwendet. Obwohl diese Vorhersagen schon zum Teil erfüllt wurden - Schachprogramme haben Meisterstärke, AI Programme haben mathematische Theoreme gefunden und bewiesen (z.B. Lenat, 1979), psychologische Theorien werden als Computerprogramme dargestellt (z.B.Minsky, 1982) - war diese Prognose reichlich verfrüht. Eine der Ursachen, warum Simon und Newell eine solche "starke" Aussage machten, war ihre Annahme, daß aufgrund der ersten Erfolge der AI ein gewaltiger Zustrom von Forschern und Geldmitteln erfolgen würde.

Diese Annahme erwies sich erst Anfang der achtziger Jahre als richtig: Aufgrund der nicht mehr übersehbaren Erfolge von Expertensystemen und natürlichsprachigen Systemen machte die japanische Regierung einen Vorstoß mit ihrem "Fifth Generation Computer Systems Project", welches mit einem für die AI bis dahin unbekannten großen Public Relation-Aufwand verkündet wurde (Proceedings, 1981). Obwohl die Ergebnisse dieses zunächst bis 1984 mit 45 Mio. US$ dotierten Projektes nicht gerade überwältigend waren (so gibt es heute am Markt noch keine PROLOG-Maschine), wurde eine Verlängerung bis 1988 mit einer Förderung von 450 Mio. US$ beschlossen. Dies lies natürlich weder die Amerikaner noch die Europäer ruhen: In den USA gründeten die großen Computerfirmen die Microelectronics Computer Technology Corporation (MCC), in Europa begann England mit dem Advance Information Technology Project (300 Mio. US$), die BRD startete im Rahmen des Förderungsprogrammes Informationstechnik "Wissensverarbeitung und Mustererkennung" mit 162 Mio. DM, die

Europäische Gemeinschaft dotierte ihr ESPRIT Projekt, in dem der größte Forschungsbereich "Advanced Information Processing Systems" (= AI) ist, mit 1,5 Mrd. US$. Dazu kamen neue Initiativen wie das EUREKA Programm und die COST-13 Projekte der EG, die die Zusammenarbeit von Forschungsinstituten in EG- und in Nicht-EG-Ländern fördern. Dazu kommt "natürlich" noch die Forschung und Entwicklung, die von den diversen Verteidigungsministerien massiv finanziert wird.

So wie es jetzt aussieht, ist also viel Geld für Forschung und Entwicklung da, und die AI Zeitungen quellen von Stellenangeboten fast über. Will die so entwickelten Produkte aber überhaupt jemand kaufen?   In einer 1982 erstellten Diebold-Studie wurde für 1985 ein weltweiter Markt für AI Software von 220 Mio.   US$, für 1990 von 2,5 Mrd.   US$ vorhergesagt. Tatsächlich war der Markt 1985 allein in den USA 700 Mio.   US$, so daß die Prognose für 1990 allein für die USA auf 12 Mrd. US$ korrigiert werden mußte.   Für Firmen, die AI Software produzieren, sieht es selbst in einem "Rezessionsjahr" für Hard- und Software wie 1985 viel besser aus: Die Zuwachsrate von 1984 auf 85 betrug 60%, insgesamt gaben US Firmen über 1 Mrd. US$ für in-house Forschung aus (Smith,   1985).

Die Zukunft sieht also sehr gut aus. 2 Gefahren bestehen allerdings: Man verspricht sich mehr und das alles viel früher als es eine seriöse Forschung liefern kann. Wenn man Inserate von AI Firmen liest, dann muß man manchmal befürchten, daß sie aus den Fehlern von Simon und Newell nichts gelernt haben. Das kann zu einer großen Enttäuschung und zu einem Rückschlag der Förderung der AI führen (Winston and Prendergast, 1984). Die Leserin/der Leser, die/der dieses Buch bis zu dieser Stelle studiert hat, kann allerdings sicher schon abschätzen, was die AI derzeit leisten kann.

Eine zweite Gefahr besteht darin, daß die kommerzielle AI nicht auf einem "demand-pull", sondern auf einem   "technology-push" aufbaut. Nicht Lösungen für bereits existierende Probleme mit AI Methoden werden angeboten, sondern für eine faszinierende Technologie werden oft krampfhaft Anwendungen gesucht. Aus der Innovationsforschung wissen wir, daß langfristig neue Technologien nur bei einem deutlichen Überwiegen der ersten Komponente überleben.

Auf jeden Fall beruhen die derzeit vermarkteten Produkte auf Ideen, die im wesentlichen in den siebziger Jahren entwickelt wurden. Wenn die AI eine zukünftige Entwicklung hat,

9.2 Wie wird sie aussehen?

Expertensysteme werden größer werden (das derzeit größte in Entwicklung befindliche wird rund 10000 Regeln besitzen), sprachverstehende Systeme werden sowohl geschriebene als auch gesprochene natürliche Sprache verstehen, dem "Typewriter" wird der "Talkwriter" folgen. Automatische Programmierung wird für viele Menschen die Notwendigkeit, eine Computersprache zu erlernen, wegfallen lassen. Roboter werden ihre Umgebung wahrnehmen, d.h. sehen, hören, fühlen, und sie werden sich frei herumbewegen können. Sie werden nicht nur sehr gut Schach spielen können (das können sie auch schon jetzt), sondern sie werden sogar das Schachbrett holen können!

Wird es möglich sein das zu erreichen, indem man nur "mehr vom selben" nimmt, d.h. quantitiv erweitert, oder werden qualitativ andere Ansätze erforderlich sein? Als man einem der ersten medizinischen Expertensysteme die Information eingab, daß nach einem Unfall ein Arm des Patienten gebrochen und der andere eine Schürfwunde aufwies, fragte das Expertensystem zurück: Welcher andere Arm? Seither steht im Frame "Arm" im Slot "number-of" als Default-Wert "2". Aber noch immer weiß zwar ein Expertensystem wie MYCIN, daß "IF organism is streptococcus or bacteroid THEN penicillin is indicated", aber nicht, wie Penizillin auf den Stoffwechsel eines Bakteriums wirkt. Wird daher das gegenwärtige Oberflächenwissen ("Surface Knowledge") genügen, damit ein Expertensystem feststellen kann, wo seine Kompetenz endet und wo es besser keine Empfehlungen gibt? Viele AI Forscher wie z.B. Hart (1982) argumentieren, daß Expertensysteme auch ein Tiefenwissen besitzen sollen: so sei es kein Zufall, daß Mediziner zuerst Anatomie und Physiologie lernen und dann erst zur Diagnose und Therapie von Krankheiten kommen. Wir werden daher viel strukturelles Wissen in unsere Expertensysteme als "deep systems" stecken müssen, und es ist noch recht unklar, ob unsere derzeitigen Methoden der Wissensrepräsentation und des Schlüsseziehens dafür ausreichen.

Ein weiteres Problem besteht darin, daß derzeitige AI Systeme zwar ein Spezialwissen in einer kleinen Domäne haben, aber sonst weniger von der Welt wissen als ein dreijähriges Kind. Damit die Systeme einen "Hausverstand" (freie Übersetzung von "common sense") bekommen, müssen sie ein umfangreiches Umweltwissen besitzen. In einem derzeit von Doug Lenat geleiteten, auf rund 10 Jahre angelegten Projekt wird versucht, das "Durchschnittswissen" eines Amerikaners, von Katzen über Pfannkuchen bis zu Reagan und SDI, geeignet zu strukturieren und in den Computer zu bekommen. Dass man dabei auch methodisch neue Wege wird gehen müssen, ist verständlich (Lenat et al., 1986). Ein solches Umweltwissen, als Modul angeboten, wird sicher ein kommerzieller Erfolg sein, da AI Systeme ohne ein solches Wissen dann sicher nicht mehr verkäuflich sein werden.

Apropos SDI und Physik: ein ganz großes Problem der Wissensrepräsentation besteht darin, das jeweils adäquate Niveau zu finden. Es bringt einem Roboter gar nichts, die partiellen Differentialgleichungen der Hydraulik zu lösen und die Newton'schen Gravitationsgesetze zu beherrschen, wenn er den Inhalt eines Glases in ein anderes leeren soll. Wir haben uns in der Wissenschaftsgeschichte immer mit der Formalisierung von Vorgängen beschäftigt, die uns nicht trivial schienen; nun zeigt sich, daß die Formalisierung unserer selbstverständlichen, "naiven Physik", z.B. daß Wasser aus einem Glas rinnt, wenn man es schräg hält, keineswegs trivial ist (z.B. Hobbs and Moore, 1985).

Derzeit muß die Wissensbasis von AI Systemen noch immer weitgehend von Menschen aufgefüllt werden. Es ist aber eine Verschwendung von Zeit und Energie, wenn ein Knowledge Engineer das Wissen eines Experten selbst zu strukturieren hat und wenn ein AI Experte den Sprachumfang eines natürlichsprachigen Systems erweitern muß. Ein zentrales Forschungsgebiet der AI wird und muß daher das Lernen sein. Schank (1983) hat dies bereits sogar für die Gegenwart postuliert: "To be blunt, an AI program that doesn't learn (and by learn I here mean become different as a result of its own actions) is no AI program at all." In den achtziger Jahren haben bereits mehrere Konferenzen zu diesem Thema stattgefunden (Michalski et al., 1982, 1986). Das beste lernende Programm, das eine wichtige zukünftige Entwicklungsrichtung vorgibt, ist EURISKO (Lenat, 1983): Dieses Programm verbessert und erweitert selbständig seine Heuristiken. EURISKO ist es z.B. bereits gelungen, ein neues dreidimensionales UND/ODER Gatter für integrierte Schaltungen zu (er)finden. Daneben hat es auch neue Heuristiken zum Entdecken neuer Heuristiken entdeckt! Aber das ist sicher erst ein Bruchteil von dem, was es in Zukunft auf dem Gebiet des Lernens noch zu entdecken gibt.

Im Vergleich zum Menschen haben AI Programme eine sehr kurzzeitige und eingeschränkte Existenz. Sie können Information nicht so frei einholen wie wir; meist haben sie nur eine Aktivitätszeit von insgesamt wenigen Stunden oder Tagen. Richard Weyrauch (zitiert nach Nilsson, 1981) hat vorgeschlagen, Programme mit kontinuierlicher Existenz auszustatten, sozusagen "Computer-individuen". Solche Programme sollten nie abgeschaltet werden, so daß sie die Möglichkeit haben, ähnlich wie Menschen ein Bild von ihrer Umgebung und den Personen, die mit ihm interagieren, zu entwickeln, daß sich entsprechend ihren Erfahrungen verändern könne. Ihre Interaktion mit der Umgebung würde zunächst auf Sprache beschränkt sein, doch könnten später auch andere Dimensionen wie z.B. das Sehen hinzukommen. Frude (1983) meint, daß langfristig Roboter gebaut werden könnten, die die idealen Partner auch in privater Hinsicht sein könnten. Diese "intimate machines" würden nicht nur gewinnend aussehen, sondern sich auch angenehm anhören und anfühlen. Jede Maschine wäre charmant, anregend und "easy-going", dabei aber auch ein wenig unvorhersagbar, um interessant zu bleiben. Insgesamt würde man den Eindruck einer selbständigen Persönlichkeit gewinnen.

So unsympatisch diese Entwicklung auch aussehen mag (der Umstand, daß sich alte Menschen oft ein Haustier als Gesprächspartner halten müssen, scheint mir nicht viel besser zu sein), die Entwicklung wird zweifellos dahin gehen müssen, Programme partnerähnlicher zu machen, wenn sie wirklich Assistentendienste für uns leisten sollen. In diese Richtung gehört auch die zunehmende Bedeutung etwa von Redepartnermodellen (Kobsa, 1985), mit deren Hilfe z.B. festgestellt werden soll, welches Wissen oder welche Überzeugungen der Benutzer über den Gesprächsbereich besitzt oder welche Ziele er anstrebt.

Die Entwicklung der AI wird aber auch ganz entscheidend von der zukünftigen Hardware beeinflußt, und natürlich auch umgekehrt, da ja die Entwicklung neuer Chips sicher in Kürze nur mehr mit Unterstützung von AI Systemen möglich sein wird. Während der Schaltplan eines derzeit verwendeten Chips hinsichtlich seiner Komplexität etwa dem Stadtplan einer Großstadt entspricht, entspricht die der jetzt bereits als Prototyp vorliegenden nächsten Generation der Straßenpläne der gesamten USA. - Da wegen des stark zunehmenden Umfanges der AI Programme die Anzahl der exekutierten Operationen pro Zeiteinheit ebenfalls stark wachsen muß, um die Antwortzeiten nicht ungebührlich zu erhöhen, müssen Computer rascher werden. Zwei Wege bieten sich hiefür an: Die Entwicklung schnellerer Prozessoren oder Parallelverarbeitung. Während bei den derzeit üblichen Computern im wesentlichen alle Operationen von einem einzigen Prozessor durchgeführt werden (von Neumann-Maschinen), sollen bei der Parallelverarbeitung die Prozeduren so aufgeteilt werden, daß sie parallel von vielen, vielleicht tausenden von Prozessoren, abgearbeitet werden können (sogenannte "non-vons").

Neben der Entwicklung der geeigneten Hardware wird auch die Entwicklung dafür geeigneter Software erforderlich sein. Nicht alle Programme lassen sich ja wie etwa die rasche Fourier Transformation einfach parallelisieren. Wenn wir z.B. mithilfe eines semantischen Netzes eine Frage beantworten wollen, dann müssen wir sehr viele Knoten des Netzes durchsuchen. Hier könnte man sich vorstellen, daß jeder Knoten einem eigenen Prozessor zugeteilt ist, so daß die Abfrage gleichzeitig geschehen könnte. Solche Programmiersprachen gibt es schon (Fahlmann and Hinton, 1983). Langfristiges Ziel ist die Entwicklung einer Theorie der kooperativen Prozesse ("cooperative processing"). Nicht zufällig haben die Japaner, die in ihrem Fifth Generation Computer Systems

Project die Parallelverarbeitung anstreben, PROLOG anstelle von
LISP als ihre AI Sprache gewählt, da es leichter für
Parallelverarbeitung zu adaptieren ist.

In den letzten Jahren hat sich eine überraschende Zweiteilung der
für AI Programme verwendeten Computer ergeben: Zur Entwicklung
der Programme werden spezielle Computer, sogenannte LISP-Maschinen
verwendet, das sind i.a. single-user Maschinen, die AI Programme
außerordentlich rasch exekutieren können und die dem Forscher oder
Entwickler ein reichhaltiges Environment zur Unterstützung seiner
Arbeit bieten. Gleichzeitig haben Personal Computer aber sowohl
hinsichtlich Geschwindigkeit als auch Speichermenge rasant
zugenommen und übertreffen bereits die Mainframes von vor 10
Jahren. Dadurch können die auf LISP-Maschinen entwickelten AI
Programme auf Personal Computer geladen und auf diesen, wenngleich
mit geringerer aber doch ausreichender Geschwindigkeit exekutiert
werden. Mit dem Kleinerwerden von Prozessoren sind diese in einem
Ausmaß in unser Alltagsleben getreten, dessen wir uns selten
bewußt sind: Wenn wir einen Videorecorder programmieren oder wenn
wir auf das Gaspedal eines Wagens mit Benzineinspritzung steigen,
dann aktivieren wir jeweils einen Mikroprozessor. Nicht nur die
Kapazität eines PC wird bald auf einem einzigen Chip greifbar
sein, es gibt bereits, von Texas Instruments entwickelt, den
Prototyp einer LISP-Maschine auf einem Chip. Da man jetzt schon
Joggingschuhe mit einem Mikroprozessor kaufen kann, wird man in
vielleicht 10 Jahren schon Jacken mit eingenähter LISP-Maschine
kaufen können.

Die AI wird also nicht etwas nur für ferne Computer, sondern auch
etwas Nahes, etwas Selbstverständliches an uns sein. Umso
wichtiger ist daher die Frage:

9.3 Und mit welchen Auswirkungen?

Nicht nur die interessierte Öffentlichkeit, auch immer mehr AI
Wissenschafter stellen sich die Frage, welche Auswirkungen ihre
Arbeit haben kann. Sie möchten nicht in eine Situation etwa
vergleichbar der Robert Oppenheimers kommen. Seit der ersten
Auflage dieses Buches ist ein Buch erschienen, in dem führende AI

Wissenschafter, die aus Ländern unterschiedlicher gesell-
schaftlicher Struktur kommen, auf die von ihnen erwarteten Auswirkungen der AI in wissenschaftlicher, technologischer, militär-
ischer, ökonomischer, sozialer, kultureller und politischer
Hinsicht eingehen (Trappl, 1986). Ich kann es aus relativ
uneigennütziger Sicht (mein Anteil am Verkaufspreis ist
vernachlässigbar klein) jener Leserin/jenem Leser empfehlen,
die/der mehr zu diesem Fragenkomplex wissen will.

Von den zahlreichen zu erwartenden Auswirkungen der AI möchte ich
vier, die mir besonders wichtig erscheinen, herausgreifen und als
Thesen vorstellen:

9.3.1 These 1: Wissen wird wichtige Ware

Information ist jetzt schon eine außerordentlich wichtige Ware
(Bücher, Zeitungen, Radio, Film, TV, etc.). Ein Grenzfall zu
Wissen als Ware sind Computerprogramme. Bis vor einiger Zeit war
nicht einmal sicher, ob Computerprogramme rechtlich schützbar
sind. Nachdem das geklärt ist (z.B. Remer, 1982), leben immer
mehr Leute recht gut davon, solche Programme zu schreiben und zu
verkaufen.

Mit dem Fifth Generation Computer Systems Project wurde aber von
Japan aus ein qualitativer Sprung angekündigt: Expertensysteme
sollen für viele Bereiche des Lebens, z.B. Fischfang,
Autoreparatur geschrieben werden. Diese Systeme werden dann auf
einem voraussichtlich tragbaren Computer (vermutlich japanischer
Herkunft) an jedem Ort anzuwenden sein. Nachdem Expertensysteme
ja nicht nur aus einer Wissensbasis, sondern auch u.a. aus den
für ein Gebiet spezifischen Schlußfolgerungen bestehen, bedeutet
dies, daß nicht nur Information, sondern auch Wissen kaufbar sein
wird ("Knowledge Economics"). Wissen wird dann als Ware in
manchen Bereichen Materie, Energie und Information verdrängen.

Dies bedeutet aber für jene Personen, bzw. jene Länder, die sich
solche AI Produkte finanziell leisten können, einen enormen
Vorsprung. Man denke etwa an ein Programm, das die bessere
Ausnützung von Energie gestattet, oder an ein Programm, das das

Auffinden von Bodenschätzen erleichtert, wie es etwa in Form vor PROSPECTOR bereits existiert. Durch diese Entwicklung könnte eine Verschärfung des Nord-Süd-Gefälles entstehen, noch dazu wo zu befürchten ist, daß es zur Einführung auch von Software-Embargobestimmungen kommen kann (z.B. Lamb, 1984). Andererseits kann z.B. die Entwicklung von medizinischen Expertensystemen für kleine tragbare PC zur Unterstützung von Village Health Workern bei der Diagnose und Therapie von häufigen Erkrankungen die gesundheitliche Versorgung in Entwicklungsländern verbessern (Auvert, 1986, Hobersdorfer et al., 1986).

9.3.2 These 2: Arbeitsplätze: Quantitativ weniger, qualitativ anders

In den nächsten 10 - 20 Jahren ist mit der Einführung von Expertensystemen, in Verbindung mit sprachverstehenden Systemen, auf breiter Basis zu rechnen, da diese Systeme zunehmend billiger sein werden: Zwar ist die Entwicklung eines Systems sehr teuer, bei großer Stückzahl kann das einzelne Programm aber billig verkauft werden; darüber hinaus wird die Rechenzeit nahezu kostenlos sein. Expertensysteme werden daher zunächst nicht die "weltweit besten Experten" ersetzen, sondern dort eingesetzt werden, wo schon jetzt Menschen nur aufgrund einer überschaubaren Zahl von Regeln entscheiden dürfen: auf der "mittleren" Angestelltenebene, der Sachbearbeiterebene. Die Programme werden zunächst zu wenig flexibel sein (Fehlen von non-monotonic reasoning, z.B. Lee, 1983), um Führungskräfte zu ersetzen, sie werden aber auch noch nicht mit jenen Sensoren und Effektoren verbunden sein, die sie zum Ersetzen von Angestellten der unteren Ebenen (Bürohilfskräfte, -boten, etc.) befähigen. Analoges gilt auf der Ebene der Arbeiter. Herbert Simon (1982): Es ist leichter, einen Universitätsprofessor als einen Baggerführer durch ein AI Programm zu ersetzen. Anmerkung von mir: Erstere sind vorsichtshalber bereits pragmatisiert.

Es wird oft argumentiert, daß dieser Verlust an Arbeitsplätzen durch die Neuschaffung von anderen Arbeitsplätzen im Bereich der Computer- und Softwareindustrie kompensiert, ja vielleicht sogar überkompensiert wird. Dafür sprechen die Zuwachsraten: Laut einer 1983 in den USA veröffentlichten Statistik beträgt der zu erwartende Zuwachs zwischen 1978 und 1990 in den USA für Computermechaniker 148%, der für Systemanalytiker 108% und für Operatoren immerhin noch 88%. Wenn man allerdings die Absolutzahlen ansieht, dann erkennt man sofort, daß dieser Zuwachs vernachlässigbar ist (z.B. machen die Computermechaniker nur 0,4% der US Arbeitskräfte aus). Eine Kompensation der Arbeitsplatzverluste wird sich daraus nicht ergeben.

Die meines Erachtens naheliegende Konsequenz kann nur in einer Aufteilung der bestehenden Arbeit auf alle Menschen, d.h. einer Arbeitszeitverkürzung, bestehen. Darüber wären viele Menschen nicht gerade unglücklich.

Eine große Gefahr besteht im Rahmen der Automation in einem Wiederaufleben des Taylorismus. Sehr viele moderne Fertigungsautomaten - die Bezeichnung "Roboter" wäre für diese blinden Gebilde noch zu früh - degradieren den Arbeiter zu einem "Ein-Aus-Schalter". Dies ist aber sicher nicht notwendig: Melman (zitiert nach Joyce and Wingerson, 1983) beschreibt die Erfahrung, die man mit der Einführung von Automaten in einer US Firma, die Autobestandteile herstellt, gemacht hat. Die Firmenleitung beschloß, in zwei Betriebsstätten die Automaten einzuführen, wobei in einer die Arbeiter "Operators" genannt wurden, die bei einer Fehlfunktion die Maschine abschalten und den Techniker rufen sollten. Die Arbeiter der zweiten Anlage wurden eingeschult, jeden Montag ihre Maschinen zu warten und zu programmieren. Sie wurden als "journeymen-machinists" bezeichnet und erhielten auch ein höheres Gehalt als die Operators. Während im ersten Betrieb die Anlage über die Hälfte der Zeit stillsteht, beträgt die Stillstandszeit im zweiten Betrieb nur 3%.

Ein Beispiel aus einem Betrieb in England kann das Risiko einer möglichen Degradierung noch besser illustrieren: Einem britischen Industriesoziologen (Rosenbrock, 1981) wurde in einer sonst vollautomatisierten Glühlampenfabrik eine Frau gezeigt, die mit der Hand Drähte in einen Kolben einführte und diese dann mit einer Spirale verglühte. Dies tat sie alle 6 Sekunden. Auf die Frage Rosenbrocks an den Automationsspezialisten, warum man diese

Tätigkeit nicht auch automatisiert habe, antwortete dieser: To bring in a universal robot would mean using a machine with many abilities to do a single job which may require only one ability.

9.3.3 These 3: Starker Zuwachs an Steuerungs- und Kontrollmöglichkeit

Es wird möglich sein, die derzeitigen Verkehrsüberwachungskameras an Computer mit Bilderkennungsprogrammen anzuschließen, die angeben können, welche Person mit welcher anderen zu welcher Zeit wo gegangen ist. Mit der Entwicklung von Speech Understanding Systems (leider auf englisch nötig, da das deutsche Wort "Sprache" sowohl gesprochene als auch geschriebene Sprache bedeuten kann) werden Telefongespräche, oder auch sonst aufgezeichnete Gespräche "verstanden", d.h. automatisch interpretiert werden können. Wenn es eine elektronische Zeitung gibt, dann wird es ganz einfach sein, eine Person zur Unperson im Orwell'schen Sinn zu machen (die Entwicklung zur rein elektronischen Zeitung halte ich allerdings trotz Einsatzes von Tele- und Bildschirmtext für unwahrscheinlich, da sie sehr schwer im Bett oder im Kaffeehaus zu lesen ist und sich auch sonst für manche Zwecke nicht verwenden läßt).

Die Weiterentwicklung der AI wird also den "Mächtigen" Mittel in die Hand geben, die sie noch mächtiger machen. Eine Reaktion darauf kann in Computer-Sabotage bestehen, wie sie etwa in einem in der Zeitschrift "Pflasterstrand" abgedruckten Flugblatt zum Ausdruck kommt ("...Der Computer ist das Lieblingsinstrument der Herrschenden. Er dient der Ausbeutung, der Denunziation, der Kontrolle, der Unterdrückung. ... Dieser Sabotageakt war nur spektakulärer als andere, die täglich von uns oder von anderen verübt werden.", nach Müllert, 1983). Diese Sabotage kann durch das Führen eines Stabmagneten über Magnetbänder, durch einen Daumendruck auf eine Magnetplatte, aber auch durch das gezielte Einbauen von Fehlern in Programme, die erst zu einem späteren Zeitpunkt aktiviert werden, verübt werden.

In einer demokratischen Gesellschaft gibt es natürlich auch die Möglichkeit den Gesetzgeber zu aktivieren, etwas zum Schutz des einzelnen zu unternehmen. Das sollte selbstverständlich nicht eine Kommission in oder zugeordnet zu einem Ministerium sein, sondern zumindest ein weisungsungebundener Datenschutzbeauftragter, der das Vertrauen der Mehrheit der Betroffenen besitzt und dessen Amt mit den nötigen Ressourcen ausgestattet ist.

Eine weitere Möglichkeit besteht darin, die Vorzüge des Computers und damit längerfristig auch der AI "inoffiziell" zu verwenden. Ich bin über die ausschließlich negative Einstellung der Alternativbewegung zu allem, was mit Computer zusammenhängt, überrascht. Wahrscheinlich hängt diese Einstellung mit der (unrichtigen) Gleichsetzung von Computer und Großtechnologie zusammen. Die Alternativbewegung in den USA etwa hat die Vorteile vor allem des Personal Computer schon frühzeitig erkannt: Stewart Brand hat in seinen seit 1971 erscheinenden "Whole Earth Catalogs" (z.B. Brand, 1980), dem "Werkzeugverzeichnis" der amerikanischen Alternativen, den Computern einen bedeutenden Platz eingeräumt. Besonders hervorgehoben werden die Anwendungen in privaten Computernetzwerken. Ein vergleichbarer Ansatz in der BRD ist meines Wissens nie über das Planungsstadium hinausgekommen. Die modernen kryptographischen Verfahren ermöglichen einen abhörsicheren Informationsaustausch über das öffentliche Telefonnetz, so daß, im Gegensatz etwa zum Bildschirmtextsystem, private Informationen mit Sicherheit privat bleiben.

Zur "effektiveren" Kriegführung werden gegenwärtig zahlreiche Expertensysteme entwickelt. Wäre es nicht lohnend zu überlegen, Expertensysteme auch zur Verhinderung von Kriegen einzusetzen? Krisensituationen haben manchmal, aber erfreulicherweise nicht immer zu Kriegen geführt. Ein Expertensystem, das auf Erfahrungen auch der jüngsten Geschichte beruhen würde, könnte im Konfliktfall Empfehlungen für eine weitere Vorgangsweise zur Vermeidung eines Kriegsausbruches geben. Ein solches "Crisis Handling Expert System" müßte natürlich von Wissenschaftern der großen Machtblöcke gemeinsam entwickelt werden. Zumindest würde diese Arbeit die daran beteiligten Wissenschafter zwingen, das gemeinsame an ihrer Weltsicht herauszuarbeiten und damit eine Verständigung im Konfliktfall erleichtern (Trappl, 1986).

9.3.4 These 4: Stark geändertes Selbstverständnis des Menschen

Mit der Weiterentwicklung der AI werden immer mehr "intelligente" Funktionen des Menschen durch Programme ersetzt. Auch wenn zu Beginn diese Programme zur Unterstützung des Menschen verwendet werden, wird mit dem Fortschreiten der Technik klar werden, daß der Mensch in vielen Funktionen überflüssig wird, daß er ersetzt werden kann. Man kann natürlich, wie in England, auch Heizer auf E-Loks mitfahren lassen, aber das ist langfristig weder rentabel noch für die "Heizer" befriedigend.

Aus dieser Möglichkeit resultiert die Frage, ob man Menschen überall ersetzen soll, wo immer man es kann, oder ob man Menschen zumindest dort nicht durch Maschinen ersetzen sollte, wo wichtige menschliche Interaktionen verloren gingen, z.B. im Sozialbereich, auch wenn dies mit höheren Kosten verbunden ist.

Wie schon Minsky 1966 festgestellt hat, ist es unvernünftig anzunehmen, daß Maschinen beinahe so intelligent werden können wie Menschen und dann die Entwicklung aufhört. Wir sind lange noch nicht so weit, aber was werden wir empfinden, wenn Programme intelligenter sein werden als wir?

Es ist keineswegs gesagt, daß wir den Ablauf dieser Programme als unseren Denkvorgängen ähnlich erleben werden. Derzeit sind die Programme noch recht anthropomorph, durch Introspektion oder Verhaltensbeobachtung gewonnene Erkenntnisse werden in Programme umgesetzt. Das mag sich aber als unzweckmäßig herausstellen: Solange man Flugzeuge gebaut hat, die in Nachahmung der Vögel flatternde Flügeln besaßen, waren die Resultate recht kläglich. Die heutigen Flugzeuge flattern nicht und übertreffen dennoch sämtliche Vögel in der Geschwindigkeit, weil sie materialadäquat konstruiert sind. Computergerechte Programme, und das gilt auch für Parallelrechner, müssen keineswegs ähnlich unseren Denkvorgängen ablaufen.

Was bleibt, wenn Computer einmal für uns denken? Wird es eine ähnliche Entwicklung geben wie durch die Einführung des Motors? Vor 200 Jahren war die körperliche Kraft für die meisten Arbeiten ein entscheidendes Kriterium. Sie ist heute weitgehend irrelevant, das Auslesekriterium ist Intelligenz, Wissen, Erfahrung. Werden wir in 30 Jahren, so wie viele von uns heute Jogging als Ersatz für körperliche Arbeit betreiben, dann Mental Jogging machen? Oder werden wir durch die Einführung der AI viel mehr Zeit für zwischenmenschliche Beziehungen haben, werden wir, dann entlastet von körperlicher und von "Denkarbeit", emotionaler, kreativer, spontaner werden, als er- und gelebter Kontrast zu den Denkprogrammen?

Ich weiß es nicht. Was ich weiß ist, daß wir bereits jetzt die Weichen für die Zukunft stellen müssen. Seine Ansprache als neugewählter Präsident der American Association for Artificial Intelligence hat Nils J. Nilsson 1983 mit folgendem Ausblick beschlossen: "At best, Artificial Intelligence will both liberate us from unwelcome toil and provide us with the most detailed picture we have ever had of ourselves. Possibly no other science has ever posed greater challenges than those."

Anmerkung:

Dieser Beitrag entstand im Rahmen eines vom österreichischen Bundesministerium für Wissenschaft und Forschung und der International Federation for Systems Research geförderten Projektes des österreichischen Forschungsinstitutes für Artificial Intelligence.

Literatur

Auvert B., Aegerter P., Gilbos V., Benillouche E., Boutin P., Desve G., Landre M-F., Bos D.: Has the Time Come for a Medical Expert System to Go Down in the Bullring: The TROPICAID Experiment, in: Cybernetics and Systems '86, R.Trappl, ed., Reidel, Dordrecht; 1986.
Brand S.(ed.): The Next Whole Earth Catalog, Random House, New York; 1980.
Fahlman S.E., Hinton G.E.: Massive Parallel Architectures for AI: NETL, Thistle, and Boltzmann Machines, Proceedings AAAI-83,

William Kaufmann, Los Altos, Calif.; 1983.

Frude N.:   The Intimate Machine, Century Publishing, London; 1983.

Hobbs J.R., Moore R.C.   (eds.):   Formal Theories of the Commonsense World, Ablex, Norwood, New Jersey; 1985.

Hobersdorfer M., Horn W., Pfahringer B., Porenta G., Trappl R., Widmer G.: Medizinische Expertensysteme am PC: 2 Implementierungen für Industrie- und Entwicklungsländer, Berichte der österreichischen Studiengesellschaft   für Kybernetik, Wien; Juni 1986.

Joyce C., Wingerson L.: Can we Adjust to Computer Culture?, New Scientist, April 14,72-73; 1983.

Kobsa A.:   Benutzermodellierung in Dialogsystemen,   Springer, Berlin; 1985.

Lamb J.: West counts the cost of computer ban, New Scientist, February 23, 12-13; 1984.

Lee R.M.: Artificial Intelligence and Bureaucracy: Limitations to Knowledge-Based Information Systems, International Institute for Applied Systems Analysis, Laxenburg, WP-83-21; 1983.

Lenat D.B.: On Automated Scientific Theory Formation: A Case Study Using the AM Program, in: Machine Intelligence 9, J.Hayes, D.Michie,   L.I.Mikulich,   eds.,   Ellis   Horwood, Chichester, and Halsted Press, New York; 1979.

Lenat D.B.: EURISKO: a program that learns new heuristics and domain concepts, Artif.Intell., 21(1-2), 61-98; 1983.

Lenat D.B., Prakash M., Shepherd M.:   CYC: Using Common Sense Knowledge to Overcome Brittleness and Knowledge Acquisition Bottlenecks, The AI Magazine, 6(4), 65-85; 1986.

Michie D., Johnston R.: The Creative Computer, Penguin Books, Harmondsworth, Middlesex; 1985.

Minsky M.: Why People Think Computers Can't, The AI Magazine, 3(4), 3-15; 1982.

Müllert N.(ed.): Schöne elektronische Welt. Rowohlt, Reinbek; 1983.

Munter H.:   Expertensysteme: Konsequenzen.   Betriebs- und volkswirtschaftliche   Einschätzung,   in: Artificial Intelligence. 1.Expertensysteme, R.-D.Hennings, H. Munter, Mathware-Verlag, Berlin; 1985.

Nilsson N.J.: Artificial Intelligence: Engineering, Science, or

Slogan? The AI Magazine, 3(1), 2-9; 1983.

Pagels H.R.(ed.): Computer Culture, The New York Academy of Sciences, New York; 1984.

Remer D.: Legal Care for Your Software, Addison-Wesley, Reading, Mass.; 1982.

Rosenbrock H.H.: Robots and People, Fourth Hartley Lecture; 1981.

Smith E.T.: A high-tech market that's not feeling the pinch, Business Week; July 1, 1985.

Simon H.A.: Verändert der Computer unser Leben? Bild der Wissenschaft, 6, 62-72; 1982.

Simon H.A., Newell A.: Heuristic Problem Solving: The Next Advance in Operations Research, Oper.Res., 6, 6; 1958.

Steinacker I., Trappl R., Horn W.: Future, Impacts, and Future Impacts of Artificial Intelligence. Report of the Austrian Society for Cybernetic Studies, Vienna; 1983.

Trappl R.(ed.): Impacts of Artificial Intelligence. Scientific, Technological, Military, Economic, Societal, Cultural, and Political, North-Holland, Amsterdam and New York; 1986.

Trappl R.: Reducing International Tension and Improving Mutual Understanding through Artificial Intelligence: 3 Potential Approaches, in: Power, Autonomy, Utopia. New Approaches toward Complex Systems, R.Trappl, ed., Plenum, New York; 1986.

Winston P.H.: Artificial Intelligence, 2nd Ed., Addison-Wesley, Reading, Mass.; 1984.

Winston P.H., Prendergast K.A.: The AI Business. The Commercial Uses of Artificial Intelligence, MIT Press, Cambridge, Mass.; 1984.

Proceedings of the International Conference on Fifth Generation Computer Systems, Japan Information Processing Development Center; October, 1981.

10. Index

Berichte des German Chapter of the ACM

Band 1: **Wippermann, PASCAL** 2. Tagung in Kaiserslautern
Tagung I/1979 am 16./17. 2. 1979 in Kaiserslautern. 204 Seiten, DM 34,–

Band 2: **Niedereichholz, Datenbanktechnologie**
Einsatz großer, verteilter und intelligenter Datenbanken
Tagung II/1979 am 21./22. 9. 1979 in Bad Nauheim. 240 Seiten, DM 38,–

Band 3: **Remmele/Schecher, Microcomputing**
Tagung III/1979 am 24./25. 10. 1979 in München. 280 Seiten, DM 44,–

Band 4: **Schneider, Portable Software**
Tagung I/1980 am 18. 1. 1980 in Erlangen. 176 Seiten, DM 36,–

Band 5: **Floyd/Kopetz, Software Engineering – Entwurf und Spezifikation**   vergriffen

Band 6: **Hauer/Seeger, Hardware für Software**
Tagung III/1980 am 10./11. 10. 1980 in Konstanz. 303 Seiten, DM 54,–

Band 7: **Nehmer, Implementierungssprachen für nichtsequentielle Programmsysteme**
Tagung I/1981 am 20. 2. 1981 in Kaiserslautern. 208 Seiten, DM 38,–

Band 8: **Schlier, Personal Computing**
Tagung II/1981 am 12. 10. 1981 in Freiburg i. Br. 195 Seiten, DM 40,–

Band 9: **Sneed/Wiehle, Software-Qualitätssicherung**   vergriffen

Band 10: **Kulisch/Ullrich, Wissenschaftliches Rechnen und Programmiersprachen**
Fachseminar am 2./3. 4. 1982 in Karlsruhe. 231 Seiten, DM 52,–

Band 11: **Langmaack/Schlender/Schmidt, Implementierung PASCAL-artiger
Programmiersprachen**
Tagung II/1982 am 12. 7. 1982 in Kiel. 221 Seiten, DM 46,–

Band 12: **Kreifelts/Schnupp, UNIX** Konzepte und Anwendungen   vergriffen

Band 13: **Schneider, Proceedings of the International Computing Symposium 1983
on Application Systems Development**
March 22–24, 1983 Nürnberg. 528 Seiten, DM 90,–

Band 14: **Balzert, Software-Ergonomie**   vergriffen

Band 15: **Stoyan/Wedekind, Objektorientierte Software- und Hardwarearchitekturen**
Tagung II/1983 am 5./6. Mai 1983 in Berlin. 386 Seiten, DM 68,–

Band 16: **Gllol/Schulze-Vorberg jr., Intelligenztechnologie**
Konzepte, Sprachen, Praktische Anwendungsmöglichkeiten
Fachseminar am 3./4. 5. 1983 in Berlin. 184 Seiten, DM 42,–

Fortsetzung nächste Seite

B. G. Teubner Stuttgart

Berichte des German Chapter of the ACM

Fortsetzung

Band 17: **Remmele/Schecher, Microcomputing II**
Tagung III/1983 vom 25. bis 27. 10. 1983 in München. 358 Seiten, DM 64,—

Band 18: **Morgenbrod/Sammer, Programmierumgebungen und Compiler**
Tagung I/1984 vom 2. bis 4. 4. 1984 in München. 293 Seiten, DM 56,—

Band 19: **Morgenbrod/Remmele, Entwurf großer Software-Systeme**
Workshop des German Chapter of the ACM vom 8. bis 11. 5. 1984 in Grassau.
464 Seiten, DM 82,—

Band 20: **Gorny/Kilian, Computer-Software und Sachmängelhaftung**
Workshop des German Chapter of the ACM und der Gesellschaft für Rechts- und
Verwaltungsinformatik e. V. am 29./30. 11. 1984 in Hannover. 208 Seiten, DM 48,—

Band 21: **Kölsch/Schmidt/Schweiggert, Wirtschaftsgut Software**
        Qualitätssicherung und Qualitätsprüfung als Grundlage für die Auswahl und
        Beurteilung
Tagung I/1985 des German Chapter of the ACM in Kooperation mit Softwaretest e. V.
am 26./27. 3. 1985 in Ulm 318 Seiten, DM 58,—

Band 22: **Molzberger/Zemanek, Software-Entwicklung:**
        Kreativer Prozeß oder formales Problem?
Seminar des German Chapter of the ACM am 20. 3. 1985 in Neubiberg. 176 Seiten, DM 42,—

Band 23: **Klopcic/Marty/Rothauser, Arbeitsplatzrechner in der Unternehmung**
        Aspekte des Arbeitsplatzrechner-Einsatzes in Handel, Industrie und Verwaltung
Tagung II/1985 des German Chapter of the ACM und der Schweizer Informatiker
Gesellschaft am 12./13. 9. 1985 in Zürich. 355 Seiten, DM 66,—

Band 24: **Bullinger, Software-Ergonomie '85   Mensch-Computer-Interaktion**
Tagung III/1985 des German Chapter of the ACM am 24./25. 9. 1985 in Stuttgart.
482 Seiten, DM 78,—

Band 25: **Wedekind/Kratzer, Büroautomation '85**
Tagung IV/1985 des German Chapter of the ACM vom 2. bis 4. 10. 1985 in Erlangen.
280 Seiten, DM 56,—

Band 26: **Wippermann, Software-Architektur und modulare Programmierung**
Tagung I/1986 des German Chapter of the ACM am 24./25. 2. 1986 in Kaiserslautern.
181 Seiten, DM 36,—

Band 27: **Remmele/Sommer, Arbeitsplätze morgen**
Tagung II/1986 und Tutorial des German Chapter of the ACM vom 11. bis 14. 3. 1986
in Marburg. 431 Seiten, DM 78,—

Preisänderungen vorbehalten

 B. G. Teubner Stuttgart